TONGXIN SHIJIE

通信世界

王若珏　主编

广西科学技术出版社

图书在版编目（CIP）数据

通信世界 / 王若珏主编. —南宁：广西科学技术出版社，2012.8（2020.6 重印）

（绘图新世纪少年工程师丛书）

ISBN 978-7-80619-785-1

Ⅰ.①通… Ⅱ.①王… Ⅲ.①通信技术—少年读物 Ⅳ.① TN91-49

中国版本图书馆 CIP 数据核字（2012）第 203418 号

绘画新世纪少年工程师丛书

通信世界

TONGXIN SHIJIE

王若珏　主编

责任编辑	罗煜涛	**封面设计**	叁壹明道
责任校对	杨红斌	**责任印制**	韦文印

出 版 人　卢培钊

出版发行　广西科学技术出版社

　　　　　　（南宁市东葛路 66 号　邮政编码 530023）

印　　刷　永清县晔盛亚胶印有限公司

　　　　　　（永清县工业区大良村西部　邮政编码 065600）

开　　本　700mm×950mm　1/16

印　　张　14

字　　数　180 千字

版次印次　2020 年 6 月第 1 版第 4 次

书　　号　ISBN 978-7-80619-785-1

定　　价　28.00 元

序

　　在 21 世纪，科学技术的竞争，人才的竞争，将成为世界各国竞争的焦点。为此，许多国家都把提高全民的科学文化素质作为自己的重要任务。我国党和政府一向重视科普事业，把向全民，特别是向青少年一代普及科学技术、文化知识，作为实施"科教兴国"战略的一个重要组成部分。

　　近几年来，我国的科普图书出版工作呈现一派生机；面向青少年，为培养跨世纪人才服务蔚然成风。这是十分喜人的景象。广西科学技术出版社适应形势的需要，迅速组织了这套《绘图新世纪少年工程师丛书》的编写工作，其意义也是不言自明的。

　　青少年是 21 世纪的主人，祖国的未来。21 世纪我国科学技术的宏伟大厦，要靠他们用智慧和双手去建设。通过科普读物，我们不仅要让他们懂得现代科学技术，还要让他们看到更加灿烂的明天；不仅要教给他们一些基础知识，还要培养他们的思维能力、动手能力和创造能力，帮助他们树立正确的科学观、人生观和世界观。《绘图新世纪少年工程师丛书》在通俗地讲科学道理、发展史和未来趋势的同时，还贴近青少年的生活讲了一些实践知识，这是一个很好的思路。相信这对启迪青少年的思维，开发他们的潜在能力是会有帮助的。

　　如何把高新技术讲得使青少年能听得懂，对他们有启发，对他们今后的事业有作用，这是一门学问。我希望我们的科普作家、科普编辑和科普美术工作者都来做这个文章，并且通力合作，争取为青少年多提供一些内容丰富、图文并茂的科普读物精品。

　　《绘图新世纪少年工程师丛书》的出版，在以生动的形式向少年读者介绍高新技术知识方面，做了一次有益的尝试。我祝这套书的出版获得成功。希望出版社多深入少年读者，了解他们的意见和要求，争取把这套书出得更好；我也希望我们的少年读者勤读书、多实践，培养科学兴趣和科学爱好，努力使自己成为 21 世纪的栋梁之才。

周光召

编者的话

　　《绘图新世纪少年工程师丛书》是广西科学技术出版社创意的一套面向广大少年读者的科普读物。我们中国科普作家协会工交专业委员会受托承担了这套书的组织编写工作。

　　近几年来,已陆续有不少面向青少年的科普读物问世,其中也有一些是精品。我们要编写的这套书怎样定位,具有什么样的特色,以及把重点放在哪里,这些都是摆在我们面前的重要问题。我们认为,出版社所提出的这个选题至少赋予这套书以三个重要特色。第一,它是面向少年读者的,因此我们在书的编写中应尽量选取他们所感兴趣的内容,采用他们所易于接受的形式;第二,这套书是为培养新世纪人才服务的,这就要求这套书要有"新"的特色,要有时代气息;第三,顾名思义,它应偏重于工程,不仅介绍基础知识,还对一些技术的原理和应用作粗略的描述,力求做到理论联系实际,起到启迪少年读者智慧,培养创造能力和动手能力的作用。

　　要使这套书全面达到上述要求,无疑是一项十分艰巨的任务。为了做好这项工作,向少年读者献上一份健康向上、有丰富知识含量的精神食粮,我们特组织了一批活跃在工交科普战线上的、有丰富创作实践经验的老科普作家,请他们担任本套书各分册的主编。大家先后在一起研讨多次,从讨论本套书的特色、重点,到设定框架和修改定稿,都反复研究、共同切磋。在此基础上形成了共识,并得到出版社的认同。这套书按大学科分类,每个学科出一个分册。每个分册都由 5 个"篇"组成,即历史篇、名人篇、技术篇、实践篇和未来篇。"历史篇"与"名人篇"介绍各个科技领域的发展历程、趣闻轶事，以及为该学科的发展作出杰出贡献的人物。在这些篇章里，我们可以看到某一个学科或某一项技术从无到有，从幼稚走向成熟的过程，以及蕴含在这个过程里的科学精神、科学思想和科学方法。这些对于少年读者都将很有启发。"技术篇"是全书的重点，约占一半左右的篇幅。在这一篇里，通过许多各自独立而又互有联系的篇目，一一介绍本学科所涵盖的一些主要的、有代表性的技术，使读者对此有一个概括的了解。"实践篇"是这套书中富有特色的篇章，它通过一些实例、实验或应用，引导我们的小读者走近实践，并增加对高新技术的亲切感。读完这一篇之后，你或许会惊喜地发现，原来高新技术离我们并不遥远。"未来篇"是带有畅想、展望性质的，力图通过科学预测，向未来世纪的主人——我们的少年读者们介绍科技的发展趋势，以达到开阔思路、启发科学想象力和振奋精神的作用。

在这套书中，插图占有相当大的篇幅。这些插图不是为了点缀，也不只是为了渲染科学技术的气氛，更重要的是，通过图这种形象直观和少年读者所喜闻乐见的表现形式去揭示科学技术的内涵，使之与文字互为补充，遥相呼应，其中有些图甚至还起到文字所难以起到的作用。应约为本套书设计插图的，大都是有一定知名度的美术设计家和美术编辑。我们对他们的真诚合作表示由衷的感谢。

尽管我们在编写这套书的过程中，不断切磋写作内容和写作技巧，力求使作品趋于完美，但是否成功，还有待读者来检验。我们希望在广大读者以及教育界、科技界的朋友们的帮助下，今后再有机会进一步充实和完善这套书的内容，并不断刷新其表现形式。愿这套书能陪伴着少年读者度过他们一生中最美好的时光，成为大家亲密的朋友。

这套书从组织编写到正式出版，其间虽几易其稿，几番审读，但仍难免有疏漏和不妥之处，恳请读者批评指正。我们愿与出版单位一起，把这块新开垦出来的绿地耕耘好，使它成为少年读者留连忘返的乐土。

中国科普作家协会工交专业委员会

1999 年 3 月

目　录

历 史 篇

　　现代通信源远流长。

　　在这一篇里，让我们一起驾着那回忆的小舟，驶向过去时间的河流。

　　古老而美丽的传说，蕴含着古代人们冲破时间、空间阻隔，互通音信的梦想；昔日拉美丛林的阵阵鼓声，中国边关的熊熊烽火，尼罗河边轻骑如飞的驿使，以及延绵千里的欧洲遥望通信。这一桩桩、一幕幕，都留下了人类古老通信的足迹。

　　幻想往往是科学的先导，原始的刀耕火种常常是孕育现代文明的摇篮。今天，当迎来光通信时代的时候，怎能不想到古老烽火通信的历史功绩；面对现代的电话、电视，我们又怎能不为古代人们关于"千里眼"和"顺风耳"的丰富想象而倾倒呢！

美丽的传说

神话与传说，是人类色彩斑斓的憧憬；它是科学的翅膀，是无数创造与发明的前奏。在通信领域里也毫不例外，今天的辉煌，常常与昨天的幻想联系在一起。许多美丽动人的神话与传说，也给了我们许多智慧和启迪。

"千里眼"与"顺风耳"

神话小说《封神演义》里有这么一个故事，说姜子牙与梅山白猿袁洪，以及桃精高明、柳精高觉大战孟津，未决胜负。杨戬来到金霞洞，请求他的师父玉鼎真人助他一臂之力。真人向他提到了两位鬼使，一位是眼能细观千里的"千里眼"，另一位是耳能详听千里的"顺风耳"……

在《西游记》的故事里，也有受玉皇大帝差遣，专事打听外界动静的"千里眼"和"顺风耳"。

（现代的电话、电视和遥感技术等，早已将人类的听觉和视觉延伸到千里之外，以至于茫茫太空。"千里眼"、"顺风耳"，也就成了现代通信的形象而贴切的比喻。)

"青鸟传信"与"鱼雁传书"

古传西王母住在昆仑山附近的玉山，她养有三只青鸟为她觅取食物和传递信息。有一天，汉武帝偕群臣举行斋戒仪式，忽见一只美丽的青鸟从西方飞来，汉武帝非常惊奇。他问大臣东方朔："这鸟从哪里飞来?"东方朔回答说："西王母要来了，青鸟是来报信的。"过了一会儿，西王母果然在两只青鸟的左右扶侍下来到殿前。

唐代诗人李商隐在《无题》诗中写道："蓬山此去无多路，青鸟殷勤为探看。"从此，"青鸟传信"就成了一个典故流传下来。

有一个故事是说汉使苏武被匈奴扣押，流放到北海岸边牧羊。他托南去的大雁给汉昭帝捎去一封信，信中诉说了自己的境况。这就是"鸿雁传书"典故的出处。

另有一个故事是说姜子牙在70岁时垂钓于渭水之滨，一天钓得一条鲤鱼，鱼肚里藏着一封信，预言他将受封于齐国。这就是所谓的"鲤鱼传书"。后人常把鱼雁并提，以此比喻书信。

(青鸟也好，鱼雁也罢，都是人们超越时空、快速传递信息的美好幻想。今天，许多现代通信工具，无论在传送速度、传送距离，以及传送内容的多样性上，都已远远超过青鸟和鱼雁的本领。)

柳毅传书

广为流传的"柳毅传书"的故事，讲的是落第书生柳毅，路遇受夫家虐待、被放逐于泾河荒野牧羊的龙女。出于正义，他潜入洞庭湖底报信，终使龙女得救。

（今天，海底电缆、海底光缆皆潜身海底，长年担负着在水下传送信息的任务。由它们来扮演当年柳毅的角色，那是绰绰有余的。）

七夕相会

传说中的牛郎与织女，因触怒了天帝，被分隔在银河两边。只有每年的七月七日，他们才能借喜鹊搭起来的桥，实现一年一度的相会。

（今天，通信卫星穿梭于太空，它发射的无线电波不仅覆盖全球，还直指浩渺的太空。牛郎与织女的相会勿须等到七月七日，他们每时每刻都可以通过电波搭起来的"桥"而互诉衷肠。）

驿路开花处处新

邮驿是古代官府衙门为传送公文而设的机构。紧急的政令和军情，由骑着驿马的驿使沿着驿道由一个地点送到另一个地点。

邮驿的历史一直可以追溯到东周列国时期。秦始皇统一中国后，邮驿通信有了很大发展。到了唐朝，便有陆驿、水驿之分。唐代诗人岑参写道："一驿过一驿，驿骑如星流，平明发咸阳，暮及陇山头。"可见当时邮驿之盛。

尽管邮驿在历史上曾起过重要的作用，但是与老百姓无缘。一直到明朝永乐年间（1403～1425年），才出现了办理民间邮件寄送的"民信局"。到了清朝，在全国已形成了有一定规模的民间通信网。

中国近代邮政是随着英法等资本主义国家的入侵而产生的。1834年英国在广州开办了第一家邮局。紧接着，其他入侵中国的列强也纷纷效仿。1866年，

中国海关兼办邮政；1896 年，清光绪皇帝批准开办大清国家邮政。1911 年，辛亥革命推翻了清王朝，大清邮政亦随之改组为中华邮政。1949 年，中华人民共和国成立，

中国邮政进入了一个崭新的历史发展阶段。邮政，一向被人们认为是一种古老的通信手段，离不开繁杂的手工劳动。从一封信投入邮筒开始，每一步几乎都需要介入人工操作。首先，邮递员走街穿巷，把人们投入邮筒的信取出来集中到邮局；在邮局里要检验和盖销邮票，并按信上的地址进行分拣；然后，由邮递员把信送到收信人的手里，或送到他的专用邮箱中。

直到 20 世纪 20 年代，才出现信函分拣机。新的一代信函分拣机能自动识别信件的地址或邮政编码，对信件实现自动分拣。

为了缩短信件在"旅途"中的时间，1870 年 1 月，美国率先把现代电信技术应用到邮政领域，举办了邮递电报业务，这便是电子信函的开端。所谓邮递电报，就是将两地之间信函的传递用电报来进行。后

来，随着传真技术和计算机技术的发展，信函也开始利用传真网和计算机网进行传送。一种叫"电子信箱"的业务也由此而发展起来。

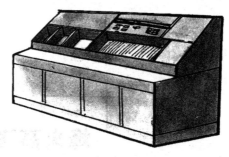

信函自动分拣机

所谓"电子信箱"业务，是一种用电子手段存储和转移信息的业务。当你在"信函中心"申请登记了一个电子信箱号码后，便可以操纵身边的终端机，将你"寄"给别人的信，"打入"对方的电子信箱；或输入一个密码，将别人"写"给你的"信"从你的"电子信箱"里取走，显示在你面前的荧光屏上，或把它打印出来……

纵观邮政的发展历史，我们可以看到，邮政正在向落后的传统邮政告别；昔日泾渭分明的邮政和电信的界线，已渐渐变得模糊了。

烽火高飞百尺台

今天，那古长城上一座座居高临下、隔山相望的烽火台，虽已老态龙钟、陈迹斑斑，但依然不失巍峨壮观的气势。烽火台，不仅使人们想起昔日边关的金戈铁马，以及像"幽王烽火戏诸侯"一类流传千古的典故，而且，它也成了中国古老通信的象征。

烽火，是我国古代用以传递边疆军事情报的一种通信方式。白天发现敌人入侵时，烽火台上便烧杂草或狼粪，其烟直上不散，能为远处所见，称之为"烽烟"或"狼烟"；夜间燃烧柴薪，以火光报警。一处燃起烽烟，邻台看见后也照此办理；这样一个接一个地，须臾之间便可将消息传至千里之外。

烽火接力这种原始的光通信方式之所以没有发展起来，是由于它受到气候和自然条件的限制。遇到雨雾天气，它便一筹莫展。此外，通过烽火的明灭，也只能传送十分简单的信息。

　　人类通信的真正发展，是在把电用到通信上之后。1837年发明的电报，能把以点划符号代表的信息传送到远方；1876年发明了电话，能把声音转换成电信号进行传送。一个多世纪以来，特别是近二三十年间，电信领域产生巨大的变化。在地面上，以光纤为骨干，辅以微波、电缆的通信网星罗棋布；在天空，以通信卫星为主角，组成了一个能够覆盖全球的空中网络；在海底，海底电缆、海底光缆穿洋过海，把五大洲连接起来⋯⋯

　　光纤通信与烽火接力通信虽都属于光通信，但从传送信息的本领上看，后者比起前者来，真是小巫见大巫了。现代光通信不仅完全可以抵御自然条件的千变万化，还具有惊人的容量，能传送各种各样复杂的信息。一颗颗绕地球旋转的通信卫星，实际上就是悬挂在空中的"接力站"。通过三颗等间隔定位于太平洋、大西洋和印度洋上空的通信卫星的接力，便可以实现全球通信。今天，我们之所以能坐在家里观看在世界任何地点举

行的体育比赛，靠的就是这样一个无所不至的卫星通信网。

虽然，今天我们使用的任何一种通信方式，都比古老的烽火报警不知要先进多少倍，但烽火通信毕竟给了人们很多智慧和启迪。与烽火相类似的，如指挥交通的红绿灯，以及船员们使用的旗语，一直沿用到了今天。这说明视觉通信有很强的生命力。

在烽火通信中，信息包含在火光的"明"、"灭"两种状态之中，今天的数字通信也是如此，其信息是用二进制数"0"和"1"来表示的。古老的烽火台以"接力"方式进行信息的远距离传送，这种方式也给了后人以很大的启发。今天的载波中继、微波接力、卫星转接等等，也无不用到"接力"的概念……

"遥望通信"的功绩

1794年8月17日，法国国民大会传出了攻克凯努瓦要塞的消息。这个信息是用一种叫"遥望通信"的工具在事发1小时之后传到巴黎的。据说，1815年，被放逐的拿破仑从厄尔巴岛逃出的消息，也是通过这种方式传到巴黎的。由此可见，在电报通信发明之前，遥望通信在欧洲曾盛极一时，发挥过重要的历史作用。

什么是"遥望通信"呢？原来，它是利用英国著名的物理学家、化学家罗伯特·胡克提出的视觉通信的原理建立起来的通信系统。在法国，这类系统是由许多按一定路线分布，建在山丘之巅的塔站组成的。在这些塔站上，高高地竖起一根木柱，木柱顶端有一水平横杆，横杆两端还各有一个垂直臂。不仅木柱可以转动，横杆和垂直臂也可以借助绳索的牵动加以调整，以构成不同的位形。不同的位形代表不同的文字和信息内容。每个塔站都可以用望远镜观察到相邻塔站木杆的位形。根据这样一个原理，任何文字或信息都可以一站一站地传下去，直到目的地。这种接力传递文字或信息的方式，比起用马匹传送来要快得多。据说，当时在相距千里的巴黎和土伦之间，用这种方式传递一条消息只需20分钟。

在法国以外的欧洲国家，遥望通信

系统各有各的模式。例如，英国的乔治·默里大臣设计了由 6 扇活门组成的视觉通报装置。每扇活门垂直放置代表"关"，水平放置代表"开"；它们不同的组态代表了不同的信息含义。例如，6 个活门全部打开，代表字母 A，表示"停止工作"；全部关闭代表字母 C，表示"已做好接收信号的准备"，等等。

遥望通信的发明者是法国人克劳德·查佩和他的兄弟们。他开始尝试以电传送信息，但没有获得成功。后来他转向试验光学—机械方法，经过百折不挠的努力，他终于取得了成功，并于 1794 年在巴黎和里尔之间建起了第一条遥望通信线路。

"信箱"趣闻

据说，世界上最早的"信箱"是块大石头。从前，从欧洲去印度的船只都要在好望角补充淡水。船上的人常常把写好的信压在一块大石头下面，让返回欧洲的船只捎去。久而久之，这块石头便起了"信箱"的作用。

1488 年，葡萄牙航海家在好望角附近遇到大风暴。为防不测，随行的一名军官把海难情况写在一封给亲人的信里，装入一只皮靴，挂在一棵大树上。这只独特的皮靴"信箱"一年后被另一位葡萄牙航海家发现。为了纪念这一发现，当地居民在那棵大树旁建起了一座皮靴状的纪念碑和一个皮靴状的邮政信箱。

名 人 篇

　　是谁铸就了现代通信的辉煌？是那些在科学道路上永不知足地跋涉攀登的科学家、发明家，和许许多多名不见经传的勇于实践、勇于探索的人们。

　　翻开近代通信的历史画卷，我们将会发现，那是一个群星灿烂的天空。本篇里介绍的莫尔斯、贝尔、马可尼和波波夫，只不过是他们当中的几位佼佼者，是无数为现代通信发展做出不朽贡献者的代表。

　　电报的发明，拉开了电信时代的序幕；电话的问世，影响到近一个多世纪来人们的通信方式以至生活方式；无线电报的发明，使无线电波在通信中首次获得了实际应用，从而打开了一个五光十色的"无线世界"的大门……

莫尔斯和电报

19 世纪的前 30 年，是人类科技史上十分辉煌的年代。蒸汽机车的发明和 6600 马力（4851 千瓦）"东方巨轮"的下水，都标志着一个"高速"通信时代的到来。也就在这个时候，科技界的许多巨子一次又一次地进行了以电来传送信息的尝试，电信时代的序幕也渐渐地被拉开了。

19 世纪初，德国工程师冯·泽海林就曾做过用电来传递信息的探索。他发明的"水泡电报"可以将一个个单词传送到 3 千米以外。1832 年，俄国外交家希林格在当时著名物理学家奥斯特电磁感应理论的启发下，制作出了用电流计指针偏转来接收信息的"电磁式电报机"。可惜的是，当沙皇尼古拉一世决定启用这种电报机时，希林格已与世长辞了。1836 年 3 月，英国青年库克受希林格遗著的启发，又得益于伦敦高等学校教授惠斯登的点拨，制作出了几种不同形式的电报机。1837 年 6 月，他获得了第一个电报机专利。库克的电报机首先在铁路上获得

莫尔斯电码

了使用。

在众多的电报发明家中，最最有名的还是莫尔斯。莫尔斯是一个享誉美国的画家。他在1832年旅欧学习途中，开始对电磁学产生浓厚兴趣，并由此萌发出把电磁学理论用于信息传输的想法。1835年，他开始了制作电报机的努力。他在试验的过程中，耗尽了资财，在贫病交迫中艰难地生活。但"功夫不负有心人"，

莫尔斯和他发明的电报机

他制作的第一台电报机终于问世了。大约在1837年至1838年间，莫尔斯又发明了用电流的通与断来编制代表数字和字母的代码（即莫尔斯电码），同时在精通机械的伙伴维尔的帮助下，进一步完善了电报机。莫尔斯电码及莫尔斯电报机一直沿用到今天，由此可见它的强劲生命力。

莫尔斯电报的通信原理

1843 年，莫尔斯在经过艰苦努力后，终于获得了 3 万美元的资助。他用这笔钱建成了从华盛顿至巴尔的摩的电报线路，全长 64.4 千米。1844 年 5 月 24 日，在座无虚席的华盛顿国会大厦里，莫尔斯用他那激动得有些颤抖的手，向巴尔的摩发出了人类历史上的第一份电报："上帝创造了何等奇迹！"

　　电报的发明，开创了用电作为信息载体的历史。从此，人类传递信息的速度大大加快了。"嘀嗒"一声（1 秒钟），电便可载着信息绕地球赤道走上 7 圈半，这是以往任何一种通信工具所望尘莫及的！

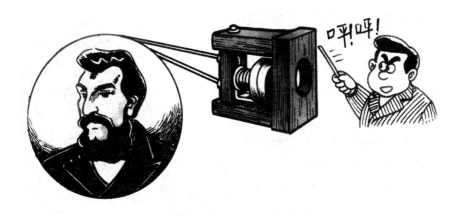

是谁发明了电话

有时候，改变历史进程的不是战争，也不是和平，而是一项发明。电话就是对人类历史和社会生活产生无比深远影响的一项发明。

现在，世界上公认的电话发明人是美国的亚历山大·格雷厄姆·贝尔。他的祖父和父亲毕生从事聋哑人的教育工作。受他们的影响，贝尔从小便对声学和语言学产生浓厚的兴趣。开始，他的兴趣是在研究用电来传送文字或代码的电报方面。有一次，他在做电报实验时，偶然发现一块铁片在磁铁前面振动而发出了微弱的声音，这种声音通过导线传向了远处。这给贝尔以很大的启发。他想，如果对着铁片讲话，不也可以引起铁片的振动吗？假如在铁片后面放上绕有导线的磁铁，导线中的电流便会跟着做时大时小的变化。这就是贝尔对电话的最初构想。

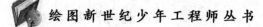

1876年3月10日，已作为电话的发明日被载入史册。当时贝尔才29岁。那一天，贝尔正在做实验，不小心把硫酸溅到了自己腿上，他疼痛得喊叫起来："沃森先生，快来帮我啊!"沃森先生是贝尔的助手，他正在另一个房间里工作。他听到了贝尔的呼喊，但声音不是通过空气从门缝里传进来的，而是从他们正在试验的电话机中传过来的。当贝尔得知自己试验的电话已经能够传送声音时，立即热泪盈眶，早已忘却了腿上的疼痛。当天晚上，他在给母亲写的一封信中满怀信心地预言："朋友们各自留在家里，不用出门也能相互交谈的日子就要到来了!"

与其他发现和发明一样，贝尔的发明也是在总结许多知名和不知名学者、科学家的经验的基

础上诞生的。例如，在1837年，美国人派杰发现，磁力吸引下的铁片能发出声音；1861年，德国人菲利浦·赖斯证明了声音可以用电来传送和再生，他还把自己制作的装置取名为"telephony"（电话）；美国人格雷几乎与贝尔在同一时间发明了电话，只是由于他申请专利的时间比贝尔晚了两个小时，落得个榜上无名……

贝尔作为电话的先驱者是当之无愧的。但电话能以今天这样一个面貌出现，又不知凝聚了多少学者、专家的心血。大发明家爱迪生就曾对

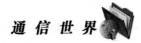

贝尔的电话作了重大改进。他采用了碳精送话器，使电话的效率大大提高。这项改进一直沿用至今。在电话发明至今的 130 多年里，为电话作过贡献的人，又岂止是爱迪生一人呢！

两个年轻人的创举

在人类发现"摩擦生电"和"磁石吸铁"等原始现象之后的 2000 多年时间里，人们一直以为电就是电，磁就是磁，彼此毫不相干。直到 1820 年，丹麦物理学家奥斯特发现，流过电流的导线周围会产生使磁针偏转的磁场，也就是说，发现了"电能生磁"现象；1831 年，英国人法拉第又通过反复实验发现，当磁铁与金属线相对运动时，金属线会有电流流过，也就是说，他发现了"磁能生电"现象。奥斯特和法拉第的重大发现，揭开了电与磁的内在联系，为电磁理论的形成奠定了基础。

紧接着，著名的英国科学家麦克斯韦勇敢而自信地向世界预言电磁波的存在。但遗憾的是，还没有等到这一预言被证实，他便与世长辞了。1887 年的一天，德国物理学家赫兹在实验中发现，电火花的能量能够越过空间传到远处。这是在人类历史上第一次证实了电磁波的存在。但赫兹断然否认了利用电磁波进行通信的可能性。他认为，若要利用电磁波进行通信，需要有一面面积与欧洲大陆相当的巨型反射镜。可是，赫兹证实电磁波存在的闪光思想，却照亮了两个年轻人的奋斗之路，他们藉此发明了无线电报通信。

1895 年 5 月 7 日，俄国人波波夫在彼得堡宣读了一篇有关"金属屑与电振荡关系"的论文，并当众演示了他发明的无线电接收机。当他的助手雷布金在大厅另一头接通火花式电波发生器时，波波夫身旁的无线电接收机便响起铃来；断开电波发生器，铃声便立即中止。为了纪念这位年仅28岁的青年人的巨大成就，几十年后，当时的苏联政府便将5月7日定为"无线电发明日"。1896年3月24日，波波夫和雷布金在俄国物理化学年会上，用他们制作的无线电收发信机，进行了传送莫尔斯电码的表演。所拍的报文是："海因里希·赫兹"，以此表示他们对这位电磁波发现者的崇敬心情。虽然当时的通信距离只有250米，但它毕竟是世界上最早通过无线电传送的有明确内容的电报。

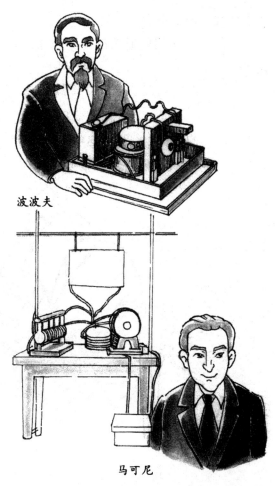

波波夫

马可尼

　　几乎在同一时间，年方20的意大利青年马可尼也踏上了发明无线电报的艰辛之路。他在乡村的院子里竖起两根竹竿，上悬铁箱子作为发送和接收天线，一根接发信机，一根接收信机。1895年，马可尼成功地进行了相隔30米的无线电通信；1896年，通信距离延伸到了3000多米；1897年，他成功地进行了跨越布里斯托尔海峡的无线电通信。1898年7月，英国举行游艇比赛，终点设在距岸320多千米的海面上。为了让观众及时了解赛况，比赛的组织者聘请马可尼用无线电为他们传递消息。这样，游艇一到终点，岸上的观众就可立即得知比赛的结果。大家欣喜若狂，第一次领受到了无线电通信带来的好处。

　　1901年，无线电通信已能跨越重洋，在洲际通信中发挥积极的作用了。

技 术 篇

　　百余年来，现代电信已经繁衍成为一个"人丁兴旺"的大家族。

　　传统的电报与电话虽年逾百岁，但由于不断充实高新技术，因而仍是"宝刀未老"；卫星通信、光通信、数据通信、图像通信、移动通信等的相继加盟，为现代通信领域带来无限风光，增添了勃勃生机。

　　本篇将带着你浏览一下这五光十色的通信世界。当你结束这次"旅行"的时候，你或许会惊叹：现代通信，真是神通广大，无时不在，无所不至啊！你或许还会进一步感受到，一个信息化的社会，一个不论何时何地，你都可以用任何一种通信手段与地球上任何一个人建立通信联络的个人通信时代已经到来！

千姿百态的现代电话

电话发明至今已有 130 多年了。一个多世纪以来，作为电话通信终端的电话机，在原理上并没有发生多大变化。但随着人们需求的多样化，以及对电话性能的要求越来越高，不断有一些新的电话机问世，使人目不暇接。

书写电话机 这是一种既可以通话，又可以传送手写文字的电话机。使用这种电话机与对方通话时，能够把一些用语言难以表达的内容，以文字或图形的形式写在书写板上传送给对方。书写笔在书写板上移动时，不断变动着的笔尖位置坐标，就会被转换成纵坐标频率和横坐标频率；这两个频率的信号通过电话线路传到对方后，将分别控制对方

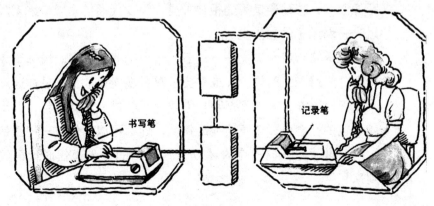

书写电话

书写电话机的纵轴伺服电机和横轴伺服电机动作，使固定在它们上面的记录笔做与书写笔一样的运动。这就是接收对方发送的书写信息的基本过程。当受话人不在时，记录笔能自动启动，记录对方的留言，起值班秘书的作用。书写电话通信由于采用了频带压缩技术，使在一对普通的电话线路上既能传声音，又能传书写文字，所以，是一种十分经济的通信方式。

写画电话机　写画电话机在功能上与书写电话机有点相类似，只是写画信息的输入方式和显示方式有些不同。写画电话机的"写画"是在一块以"压敏橡胶板"（简称"感压板"）为主体的书写板上进行的。当一方在书写板上写画时，由于笔尖的压力，使感压板在这个位置的电阻

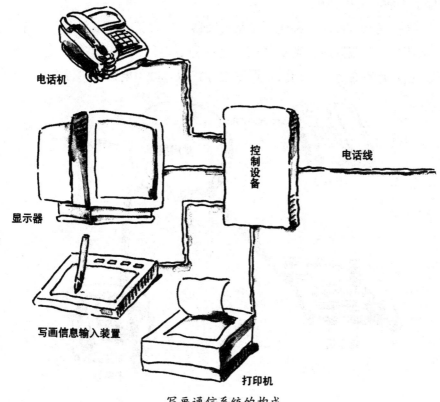

写画通信系统的构成

降低，从而使一上一下将感压板紧紧夹住的 X 电极板和 Y 电极板的相应电极导通，送出一个代表该位置的 X、Y 坐标信息。随着写画笔笔尖的移动，送出去的 X、Y 坐标信息也相应改变。这个信息经过一番变换和反变换过程后，便在对方的写画电话机的荧光屏上再现发送图像。如果想把显示的图像记录下来，只要启动打印机便可。

在进行写画通信时，写错了还可以消去或进行修改。这一切都不费吹灰之力，只要按一下按钮便可解决。

母子电话机　目前，我国的电话线路还比较紧张，加上经济上的原因，一般一个办公室、一个家庭都只有一条对外线。如果你想安几部电话机供不同的房间，或同一房间的不同人使用，那你便可以使用一种叫"母子电话"的电话机。

这种电话机使用一种叫"多路扩展器"的设备，使多部电话可合用一条外线，共用同一个电话号码。这些同线电话机也不是"平起平坐"的，它们有主有次，因而人们形象地称它为"母子电话"。"母电话"享

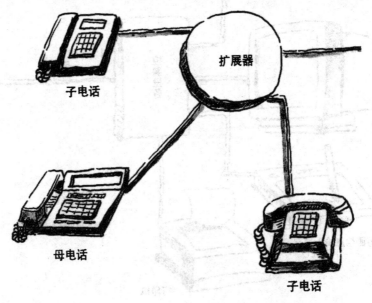

母子电话

有优先权。当有人从外线打来电话时，"母电话"先响铃。如果对方要求接通的正是"母电话"的主人，通话即可进行；如果对方要的是某一个"子电话"的主人，那么"母电话"的主人只要按一下扩展器上的一个相应的按钮，就可以让该"子电话"与外线连通。往外打电话时，也是"母电话"享有优先权。"母子电话"具有良好的保密性能，不管哪一部电话在通话，其他与它共用一条外线的用户均无法听到，而它们彼此之间又可方便地进行联络，甚至可由"母电话"牵头，召开有各"子电话"用户参加的"电话会议"。

声控电话机　一种能够记住许多人姓名和电话号码的声控电话机已经问世。当你要给那些已在声控电话机的电脑里"记录在案"的人打电话时，只需说出对方的姓名，电话便能自动接通。

声控电话这种本领是"训练"出来的。训练时，你要对电话机说上三遍某人的姓名，然后输入该人的电话号码。这时电话机里的电脑便会存入某人姓名的读音与电话号码的对应关系。此后，你打电话时只需说

声控电话

出某人的姓名，善解人意的声控电话机便会自动将它转换成相应的电话号码发送出去。这种电话不仅可以避免记忆、查询电话号码的麻烦，而且还会给那些行动不便的人带来意想不到的方便。

翻译电话机 使用这种电话机进行国际通话时，能自动地把一种语言翻译成另一种能为对方所理解的语言。这样，语言不通的双方就能交谈自如。

这种电话机由三个部分组成。第一部分是"语音识别系统"，负责将人讲话的语音分解成语素；第二部分是"翻译系统"，担负语音信息的翻译任务；第三部分是"语音合成系统"，能将经翻译的语音合成为

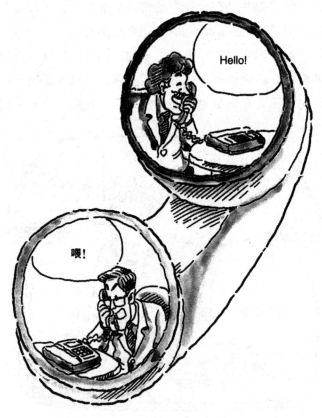

翻译电话

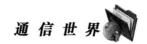

另一种语言。

　　现代电话机千姿百态，功能各异，不胜枚举。可以预计，在 21 世纪，由于电话和计算机技术的融合，电话与图像、数据等其他通信方式的结合，还将赋予电话以更多新的功能、新的应用。

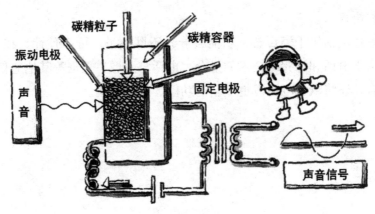

送话器的构造

电话机是怎样工作的

电话机是传送人讲话声音的一种通信工具。尽管现代电话机千姿百态，但它们都少不了下面这几种基本功能：

1. 把声音变成电信号和把电信号变回声音的功能。因为要进行快速的、远距离的传送，不能直接传送声音，所以必须先把声音变成电信号，到对方后再把电信号还原成为声音。

2. 拿起电话机时，让交换机知道"有人要打电话"的功能，以便交换机做好

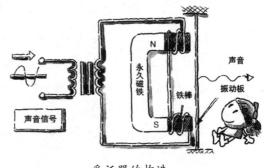

受话器的构造

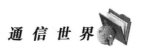

"为你服务"的准备。

3. 发送拨号信号功能。自动电话机正是通过这个拨号信号来指挥电话交换机的工作，并由它来建立两个电话之间的连接的。

4. 响铃的功能。即在对方来电话时，电话机能以铃声告诉你："有人来电话了。"

5. 和交换机之间的电接续功能。

电话机中，实现这五大功能的部件依次是：送受话器、叉簧、拨号盘（或按键盘）、铃和电话回路。

送话器是一个装着碳粒的小盒子。小盒子的后面有一个固定电极，前面有个振动膜（称为振动电极）。当你对着送话器讲话时，振动膜随声音的大小变化做幅度不等的振动，使碳粒时而压紧（电阻减小），时而放松（电阻增大），从而使流过两个电极之间的电流也跟着变化。就这样，声音的大小变化便被变成为适合在电路上进行传输的电信号的强弱变化了。

受话器的主体是一个绕有线圈的永久磁铁。对方传来的话音电流在通过线圈时产生一个磁场，吸引磁铁前面的薄铁片产生振动，发出声音。振动的大小决定于流过线圈的电流的大小。这就是受话器为什么能把电信号还原成声音的简单道理。

在我们打电话时，第一个动作便是"摘机"（把送受话器从电话机上拿下来）。这时，电话机上承载送受话器的部分（叫"叉簧"）就会弹

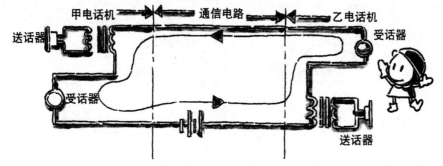

电话1对1的通话路

起来，使电话机与交换机之间的电路接通。如这时交换机的机线有空，便向电话机送去一个连续的"拨号音"，告诉你："我已经在待命，请你拨号！"

公用电话交换机

电话机的拨号盘有旋转式的和按键式的。用它们拨号时，送出去的是直流脉冲或双音频信号。不管是哪一种信号，它们的作用都是控制电话局里的交换机，让它去完成主叫用户和被叫用户间的接续。

如果对方电话空闲，交换机便向它送出一个振铃电流，使对方的电话机响铃。这是在告诉对方："有人来电话了！"与此同时，主叫用户将听到一个"回铃音"。如果对方电话没空，交换机便给主叫用户送出一个"嘟、嘟、嘟……"的"忙音"。

上述拨号信号的产生，振铃信号的接收，以及使对方的通话尽量不产生失真等这些功能，都是由电话机回路来保证的。

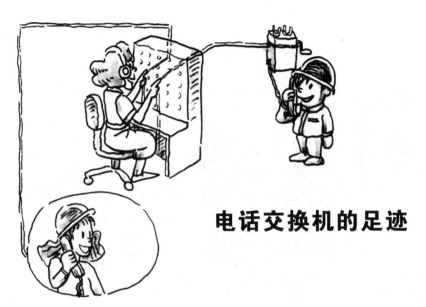

电话交换机的足迹

现在，很多人在装电话的时候，都希望装个"程控电话"。那么，程控电话与其他电话到底有什么差别呢？其差别不在于电话机，而在于将许多用户电话机连接起来的电话交换设备。

最早的电话交换机是由人工接续的，叫"人工电话交换机"。人工接续的过程是这样的：如果甲用户要给乙用户打电话，拿起话筒，人工交换机上标有甲用户号码的"用户灯"便亮了；这时，话务员便将"应答塞子"插入甲用户的塞孔。因为这个塞孔是与甲用户的电话机相连接的，因而话务员可藉此与甲用户通话，问："您要哪里？"如甲用户所要呼叫的乙用户空闲，话务员便将"呼叫塞子"插入乙用户的塞孔，并向乙用户发出振铃信号。当乙用户拿起话

早期的人工电话交换机

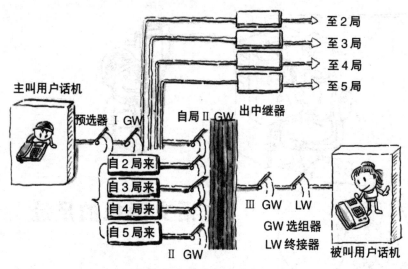

机械式自动电话交换机

筒接电话时，人工交换机上相应的指示灯亮，此时话务员便可操作扳键将甲乙两个塞孔连通，让甲乙双方通话。

人工交换方式不仅接续速度慢，话务员的劳动强度大，而且在电话机数量增加到一定程度后，简直无法应付。所以，除了一些电话机数量不多的小单位至今仍有使用外，在许多主要场合，它都早已被自动电话交换机所取代。

自动电话交换机也经历了机电式、半电子式、电子式等若干发展阶段。尽管它们所采用的控制器件不同，但都有一个人工交换机所不具备的优点，那就是电话的接续工作已不再需要人工介入，只需要通过拨号来指挥。

1965 年 5 月，世界上第一

程控电话交换机

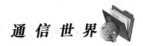

部程控电话交换机投入使用，从而开创了电话通信的一个新的纪元。

程控电话交换机虽说也是电子式电话交换机的一种，但由于它引入了电子计算机技术，不仅接续速度快，声音清晰，而且由于交换机的接续动作都可以由预先编好的程序来控制，只要通过修改程序，就可以更改用户电话号码的位数，改变计费方式或增加某种新功能等。现在已经开发的程控电话新功能便有数十种之多，为人们带来了种种意想不到的方便。

世界电信日

1968 年，国际电信联盟决定将每年的 5 月 17 日定为"世界电信日"，以此来纪念国际电信联盟的建立（1865 年 5 月 17 日），以及强调电信在国民经济和人类生活中的作用。

从 1969 年开始，每年"世界电信日"都有一个宣传主题，国际电信联盟各会员国都要围绕这个主题开展各种各样的活动。例如，1996 年是近代国际奥林匹克运动 100 周年，国际电信联盟把这一年"世界电信日"的主题定为"电信与体育"。

交换机　回叫

回叫

遇忙

正在通话

遇忙回叫服务

下午1点开会,
请到时提醒我!

闹钟服务

程控电话的新本领

大家喜欢使用程控电话,不仅是由于它接续速度快,通话清晰,还由于它能提供多种新的服务。

闹钟服务　又称"叫醒服务"。登记使用这项业务后,你的电话机便可以起"闹钟"的作用。如果你要起早赶火车、乘飞机,或在某个时间有件重要的事情要办,可以用拨号的方式把这个时间"告诉"程控交换机。到时候,你的电话机便会响铃,提醒你去办计划中的事。譬如,你希望在早晨5点30分叫醒你,只要拨＊55＊0530,便可完成登记手续。

程控交换机的服务是很"尽职"的,提醒铃声要响

1分钟，直到你摘机听到提醒音为止。如1分钟后仍无人接听，过5分钟后将再次响铃1分钟。

遇忙回叫服务 我们经常会碰到这样的情形，即拨对方的电话总拨不通（称"遇忙"）。由于不知道对方什么时候才能空闲下来，常常需要一次次地试拨，直到电话打通为止。启用"遇忙回叫"业务后，拨不通电话便可以挂上话筒等待，一旦对方电话空了下来，交换机便会自动回叫你的电话。这不仅节省了时间，也避免无效占用电话机线设备。

呼叫转移服务 我们经常会碰到因事外出而收不到别人打来电话的情况，这搞不好会耽误大事。登记使用呼叫转移服务后，可在你离开家（或办公室）时，把你临时去处的电话号码"告诉"程控电话交换机，这以后，打到你家

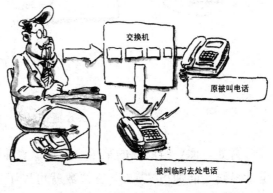

呼叫转移服务

（或办公室）的电话便会自动转移到你临时去处的电话机上。当然你要记得，在回到家里（或办公室）后，应及时注销这项服务。

使用这项服务，就好像电话在跟着你走一样。所以，这项服务又叫"电话跟踪"服务。

三方通话服务 在日常生活中，我们有时也会碰到在和对方通话的过程中，感到有必要向第三方请示，或希望请他一起参加商议。这时，你可启用三方通话服务。即在不中断与对方通话的情况下拨叫第三方，实现三方共同通话或分别与另两方通话。

国内、国际长途直拨业务 使用这项业务，你便可不经国内、国际长途台话务员的人工接续，坐在自己家里或办公室里直接拨打国内其他城市的电话或国外的电话。除需要多按几下按键、多拨几位电话号码以外，其他操作就如同拨市内电话一样。

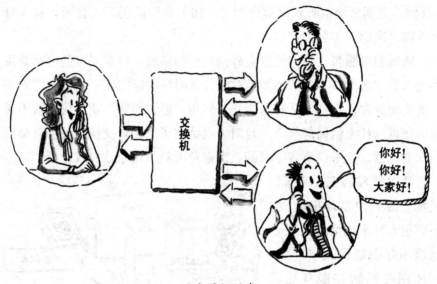

三方通话服务

譬如，你要给广州的某用户打长途直拨电话，只需要在这个用户的电话号码之前加拨"020"三位数就可以了。第一个"0"，是国内长途直拨业务的代码，接下去的"20"是广州的长途直拨区号。各个城市都有自己的区号，如北京是"10"，上海是"21"等等。

打国际长途直拨电话，要拨的电话号码位数相对要多一些。譬如，你要给美国纽约某电话号码为6981137的用户打电话，应该拨"0012126981137"。前两位"00"叫"国际字冠"，表示要接的是国际长途，接下去的"1"是美国的国家代码，"212"是用户所在地区的代码，随后的几位便是该用户的市内电话号码。

打国内和国际直拨电话都要"一气呵成"，不能拨拨停停，否则会造成呼叫中断。

缩位拨号业务 随着城市电话用户数量的增多，用户电话号码的位数也越来越多了。这不仅使拨号所需的时间加长，而且也很容易拨错。使用程控电话交换机的"缩位拨号"功能，可以将一些经常需要联系的电话用1至2位自编的代码来代替。一旦你在电话局办理完这项新业务

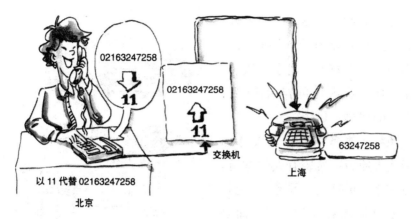

缩位拨号业务

的登记后，在拨常用的电话时，就只需拨一两位数就可以了。

热线服务 提起"热线"，大家很自然地会想到当年连接苏联克里姆林宫和美国白宫的热线电话。这种电话不用拨号，一拿起来便可与对方通话。这在紧急情况下便可争取时间。程控电话也开放有"热线"服务。申请使用这项服务的用户，拿起话筒 5 秒钟内不拨号，电话便会被

热线服务

自动接到被置为"热线"的对方。譬如，两个经常有重大事情需要磋商的用户之间可以建立"热线"关系；孤老病人也可与医院、疗养院之间建立"热线"。

免打扰服务　在你需要休息或因病等原因不希望有人打扰时，可以使用"免打扰"服务。"免打扰"不是把你的电话切断，而是在这段时间里让电话局或你所指定的别的什么人代受理你的电话。

程控电话的新业务远不止上面这些。但通过上面的介绍，我们不难理解，为什么程控电话备受青睐了。

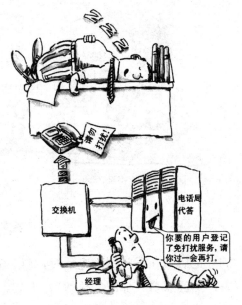

免打扰服务

电话磁卡与磁卡电话

　　漫步世界各大都市和旅游胜地的街头，以及车站、机场、旅馆，一个个富有特色和种种寓意的公用电话亭，堪称为都市一景。它的存在，使在外的人可随时与家里、公司里或其他任何地方的人建立电话联系。

　　目前，公用电话主要有四种，即传呼电话、投币电话、磁卡电话和IC卡电话。传呼电话需要有人值守，且一般只能做到定时开放，这对用户来说显然是不方便的。投币电话、磁卡电话和IC卡电话就弥补了上述之不足。

　　据史料记载，世界上第一部投币公用电话是由威廉·哈雷在 1889 年发明的。其后，经过了无数次改进，才投入了实际使用。投币电话需大量使用硬币，这不仅妨碍了货币的正常流通，还存在使用者需将纸币兑换成硬币，以及行为不轨者毁机盗币等问题。于是，后来便出现了一种使用磁卡付费

公用磁卡电话机

41

的磁卡电话机。它克服了投币电话的上述弊端，且有携带方便，具有收藏价值等优点，因而很受用户的青睐。

磁卡像钞票一样有不同的面值，用户事先可向电信部门购买。用户使用磁卡电话时，只要根据磁卡电话机上的标记，把磁卡插入"入卡口"，便可听到拨号音，表示"可以拨号"。当与对方的电话接通后，随着通话的进行，话机内的计算器便会自动计费，随之，记录在磁卡上的"剩余电话费"单元就会一个个被消去。这个过程在话机的显示器上会清楚地显示出来。当磁卡上的余额不足打 3 分钟（市话）或 1 分钟（国内长途）电话的费用时，显示器就会一闪

各种电话磁卡

一闪的，同时在听筒里还会传出一声声催促音。它提醒你：剩余的话费不多了。这时，你要么尽快结束通话，要么再插入一枚新的磁卡。否则，过一会磁卡上剩余的电话费用完了，电话会毫不留情地被切断。每次通话结束，在你挂断电话时，磁卡便会自动退还给你，以便你下次接着使用。

世界上第一枚电话磁卡出现在 1976 年。现在，世界上已有 140 多个国家发行磁卡，年发行总量超过 10 亿枚。我国最早发行电话磁卡的是深圳，它于 1985 年率先使用磁卡电话。现在，全国使用磁卡电话机

的城市已经很多，到 1994 年底，全国已有磁卡电话机 2 万多部。现在，磁卡电话机、IC 卡电话机都已走出"深闺"（大饭店、机场），落户于普通人出没的街头巷尾。

IC 卡和 IC 卡
电话机

　　现在，很多人都知道有电话磁卡、信用卡等一类磁性卡片，它们可代替现金来支付电话费或购物、就餐等各项费用。就在磁卡风行起来的时候，人们发现它也有若干致命的弱点：一是容易改写、伪造，二是可储存的数据量较小。于是，在磁卡投放市场不久的 1972 年，一种更为理想的集成电路卡问世了。

　　集成电路卡又称为 IC 卡。它的大小与普通磁卡相同。所不同的是，在 IC 卡上嵌入一块小小的大规模集成电路芯片。在这块芯片里有微处理器、程序控制器、数据存储器等。由于集成电路的引入，使得 IC 卡具有许多普通磁卡所不具备的特点：第一，它所能存储的信息量大，可

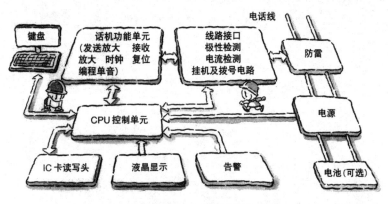

IC 卡电话机构成框图

以存储相当于普通磁卡数百倍的信息；第二，它具有普通磁卡所没有的信息处理功能；第三，安全可靠，不像普通磁卡那样容易伪造或被改写。正因为 IC 卡有上述这些优点，它不仅在金融领域里取代磁卡，而且还广泛应用于通信、交通、卫生、安全等各个领域。

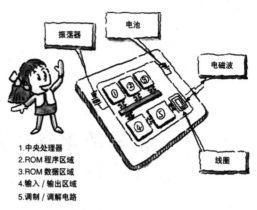

1.中央处理器
2.ROM 程序区域
3.ROM 数据区域
4.输入／输出区域
5.调制／调解电路

智能卡的内部结构

下面我们仅就用于电话预付费的 IC 卡及 IC 卡电话机作一介绍。电话通信中使用的 IC 卡属于记忆类 IC 卡。它内藏的集成电路具有存储、记忆数据的功能，但不带微处理器。

IC 卡电话机由微处理器控制单元、话机功能单元、IC 卡阅读头、按键盘和液晶显示器等组成。由于 IC 卡电话机没有复杂的机械装置，阅读装置的体积也很小，因而具有工作安全可靠、设备体积小等突出优点。

IC 卡电话机实质上是一种使用 IC 卡与中央计算机进行数据收发信的简易数据终端机。它除了可用来打电话，还可用于机票、火车票预订业务，证券交易业务以及电话购物业务等。

主叫识别电话机

这是电话"家族"里的又一个新成员。当有人给使用这种电话机的用户打电话时，话机上的显示器便能显示出对方的电话号码，据此你可以决定是否接这个电话。如果你不在家，这种电话机还能把主叫的电话号码及其来话的时间记录下来。所有这些信息都是由电话交换机提供的，而无需主叫方作任何操作。

有了这种电话，那些惯于打骚扰电话的人便无计可施了。

新兴的电话信息服务业

现在，装电话的人越来越多了。特别是在城市，不少家庭都装上了电话。但如果你稍加留意，便会发现很多电话的利用率不是很高。除了一天通几次电话，便没有别的用途。于是，一种叫"声讯服务"的行业兴起了，它使电话有了新的"用武之地"。

什么是"声讯服务"呢？声讯服务是由声讯服务公司把各种各样对人们有用的信息录好音，然后把它们以数字形式（即进行数字化）输入到特制的声讯设备中，准备随时为用户提供服务。

譬如，你出差到了上海，想买回程飞机票，可你不知道什么地方有售票处，那你可以拨电话号码16811508，这时，上海168自动声讯台就会通过电话把上海民航售票处的地点一一告诉你，以便你选择就近的地点购票。类似的声讯服务项目还有很多，诸如文化娱乐、旅游、股市行情、医疗保健、邮电交

通、政策法规以及家庭生活等等，应有尽有。要获得自动声讯服务，要拨8位电话号码（还是以上海为例）。前3位是固定的"168"。"168"是自动声讯系统的特定号码。第4位是费率等级，最后的4位数为信息编码。不同的信息内容有不同的代码，声讯系统就是根据这4位数来判别用户想要查询的内容，并作出回答的。譬如，上面列举的16811508中，第4位"1"表示此项查询业务的收费标准是每分钟0.20元；最后的4位数"1508"是"上海民航售票处地点"的信息编码。如同一般打电话需查电话号码簿一样，要获得自动声讯服务，也需要查"信息编码手册"，了解各项服务的信息编码，或拨电话查询。

自动声讯服务是通信技术与计算机技术相结合的产物，不需要话务员介入或其他手工操作。它最早出现于英国，现在已遍及世界许多国家。它不仅能为用户提供各种有用的信息，还可为商品销售者提供一个直接向用户销售商品的渠道。例如，万宝路香烟商曾在烟盒上印了一个电话号码，买烟的人可打这个电话参加一项有奖竞赛。结果，此项活动

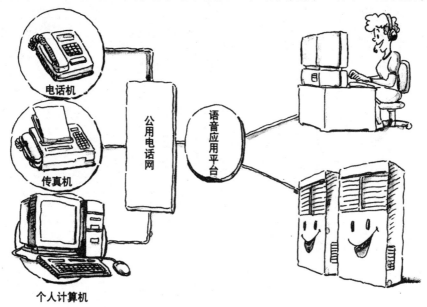

声讯服务示意图

使那一季度的万宝路香烟销量增加了 4%。

声讯服务的发展方向是全球信息共享。今后，利用这项电话信息服务，不仅能得到储存在本地声讯服务台的信息，还能得到储存在国内其他地方以至国外资料库里的信息。

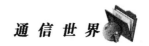

方便你打长途电话的 "200 业务"

尽管现在有电话的家庭越来越多了，而且城市电话亭的数量也不算太少，但对许多人来说，打个长途电话还不是一件轻而易举的事。因为不是所有电话都有"权"打长途的。家庭和办公室的电话申请长途直拨功能并不难，但很多人怕不好管理或被人盗用造成电话费超支，宁可不要这个"权"。针对上面这种种情况，电信部门推出了一种方便人们打长途电话的"200 业务"。

"200 业务"是中国电话卡自动密码记账长途直拨电话业务的简称。需要使用这项业务的用户，首先要向当地电信局购买一枚"200 业务专用电话卡"（以下简称"200卡"）并为自己设定一个密码。办理完手续后，该用户便可以使用任意一部双音频电话机拨打国内或国际长途电话了。打电话时电话费用从"200卡"里所存的款额中减去，用户不需付现金。每打一次电话，"200卡"中的款额被扣除一次，直到扣完为止。"200卡"中的余款数额可随时通过拨号方式向

电信局查询。

用户也可采用记账登记方式使用"200 业务"。这就是申请"200 业务"的用户在当地电信局立一账户、设置一密码后，便可以使用任何一部双音频电话机拨国内或国际长途电话，所需费用自动从该用户的账号上扣除。

持有"200 业务专用电话卡"的用户，在使用任何一部双音频电话机打长途电话时，先拨200，经市话交换机判别后，送出"请拨卡号"的提示音。用户听到此提示音后，拨卡号的后12 位；接着，在听到"请拨密码"的声音后，拨 4 位密码；在听到拨号音后，即可按直拨国内或国际长途电话的方法拨号。

使用"200 业务"的优点是打长途电话可以使用任何一部双音频话机，而用不着顾及这部电话机的用户是否为长途有权用户。这对外出办事的人员尤为方便。另外，电话费是向使用电话的人结算的，而不是向电话机的主人结算的；所以不必担心别人打长途电话你付费了。"200 业务"采用记账方式，免去了随身携带现金的麻烦。

"200 卡"使用的密码可随时更换，因而能确保安全。

远程"复印机"——传真

　　时下，一种叫传真机的通信设备已经出现在许多公司、企业的办公桌上，而且正在悄悄地进入家庭。

　　什么是"传真"呢？"传真"是一种把静止的图像（如照片、画面等）或文字，照原样从一方传送到另一方的通信方式。它使用一种叫"扫描"的技术，将一幅画面分解成许多黑白程度不同的小点点，然后从左到右、从上到下地"扫"上一遍。在"扫"的过程中，这一个个小点点的黑白程度通过光电装置的辨别，被转换成大小与之相应的电信号传送出去；到对方后，再以扫描的方式把收到的电信号还原成一个个黑白程度不同的小点点，并将它们加以合成。只要双方的扫描步调一致（称为"同步"），接收端复制出来的画面就会与发送的画面一模一样。"传真"二字便由此而来。

　　利用上面讲的传真原理制作通信设备的历史，可以追溯到 160 多年之前。但是，一般认为，使传真技术走向实用化的近代传真机发明人是爱德华·贝

兰。贝兰于 1876 年出生在法国，年幼的时候便显露出非凡的才华。1907 年 11 月 8 日，他在众目睽睽之下，表演用电传送图像获得成功。传真电报机便由此而诞生。

贝兰从不满足自己已取得的成绩，一次又一次地改进了自己发明的传真电报机。1913 年，他制成了第一部供新闻采访用的手提式传真机；1914 年，巴黎报纸首先登载通过传真机传来的新闻照片；1925年，利用无线电传真图片获得成功。

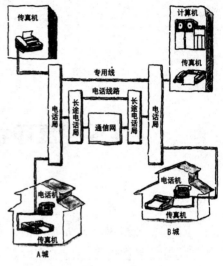

传真通信系统

"传真"是一种记录型通信方式。它能把用语言难以表达的文字、图表、照片等变成电信号传送出去，到对方再复原成与发送图像一模一样的硬拷贝。硬拷贝可永久保存下来，解决了电话"口说无凭"的问题。另外，电话只有在对方在的时候才能接通，而传真则可以在任何时候发送。

传真虽然有许多优点，但却在相当长一段时间里，由于设备价格昂贵、操作复杂等原因，发展比较缓慢，被认为是通信领域里"沉睡的巨人"。

后来，由于人们对迅速、准确传递信息的需求日益增长，加上由于技术的发展，传真机的价格大幅度降低

（与一部无绳电话机相差无几），操作也变得十分简便，因而传真机已不限于用在公众传真电报业务和报纸传真领域，它已越来越多地进入办公室和家庭。今后，在实现"办公自动化"和"在家办公"方面，它扮演一个十分重要的角色。

传真机家族

　　传真机、移动电话、高清晰度电视、家用卫星电视接收机并称为20世纪90年代电信领域的四大明星。传真机家族群英荟萃，新秀如云。大家所熟悉的报纸传真机，能将整版整版的报纸样张，传送到全国各地，以便迅速地在当地制版、印刷。它使得许多边远地区能够看到当天的《人民日报》，结束了多少年来报纸印好后靠车载航运，送到远方用户手中的情况。相片传真机可以将新闻记者在世界各地拍摄下来的新闻图片在瞬息之间便传回本国，以最快的速度见诸于报端。气象传真

机，能够及时地把"气象云图"发送给有关部门或航行中的船只，使它们能逢凶化吉，防患于未然。真迹传真机可以传送你的亲笔函件，它既不像电话那样"口说无凭"，又避免了普通电报手续繁多和需要译电等缺陷。

　　在传真机家族里，又出现了彩色传真机、移动传真机和立体传真机等新的成员，给传真机家族带来盎然春意。彩色传真机能够传送彩色图片，在医疗卫生、

商业等系统中具有较大的应用价值。移动传真机小巧玲珑，可以装在汽车、飞机里，也可以随身携带，使你不论走到哪里，都能使用传真这种高效的通信手段。现在，电脑立体传真机也已问世，一些类似机器零部件那样富有立体感的实物图像，可以通过这种传真机传送。其原理是把从立体物件各个侧面反射回来的光投射到"光电耦合器件"上，使之形成一个有层次的立体图像。这种传真机还能够与电脑联网，可以把要传送的文件扫描到电脑中去，便于查阅和再次发送；储存在电脑中的文件可随时印出来或传送给对方。这种新型的电脑立体传真机已经在办公自动化方面发挥重要作用。

传真机根据它的传送速度，有低速、中速、高速之分。低速传真机传送一页 A4 幅面文件所

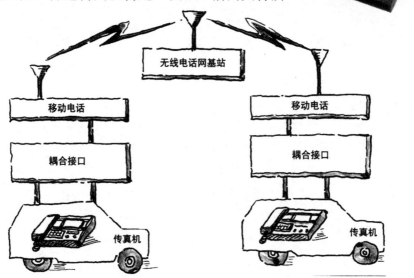

车与车相互间的无线传真

需的时间是 6 分钟，而高速传真机（通常称"三类传真机"）传送同样一页文件只需 20 秒钟到 1 分钟。而近年来出现的四类传真机（数据传真机）传送上述一页文件只需 3 秒钟到 15 秒钟，且具有分辨力强、能传送多层次画面或彩色画面的功能。可见，传真通信正向着高速、优质、多功能的方向发展。

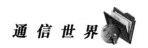

传真存储转发

近年来，传真通信的发展速度很快。它已经由电信局的营业厅向普通的家庭和办公室"进军"。一般来说，传真机都是连接到电话网上的。当你需要向对方传送文件、信函或图片时，首先要拨通对方的电话号码，使你的传真机和对方的传真机通过电话线路一对一地连接起来，这样通信才能进行。这是一种点对点通信，也就是一部传真机与另一部传真机之间所建立的通信。如果你想用传真手段将同一份文件（图片或资料）传送给不同的用户，那你就需要一个接一个地拨通这些用户的电话号码，相继与它们建立起临时电路，将同一份文件重复发送多次。如果

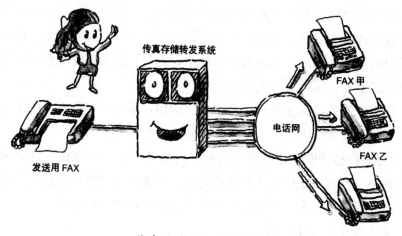

传真的"图文多地发送"

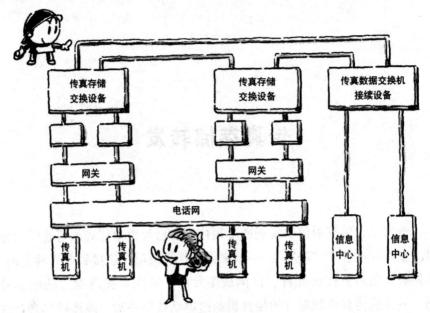

传真存储转发系统

在你拨叫某用户时，发现电路拥塞或对方电话"忙"，或对方传真机未开启，都不能进行传真操作，一直要等到拨通对方为止。这样做，不仅操作员很辛苦，而且也很费时间。特别是对于传真业务量大的部门，还需要有多条外线，并配有多台传真机同时工作。除此之外，由于上述这种传统的传真方式没有"亲启"和密码功能，有可能被人截流，造成传真信息的丢失。总之，无论从工作效率，还是从保密角度来看，传统的传真方式都有一些不尽如人意的地方。

随着计算机技术在通信领域的广泛应用，诞生了一种能克服上述弊端的新的传真通信方式——"传真存储转发"。

"传真存储转发"是将你发给对方的传真文件先储存在传真存储转发设备中，经过一定的变换与处理之后，再按一定的排队规则选择空闲的电路立即发送出去，或者在你所要求的时间里发送给对方。

这样做有什么好处呢？

　　首先，在你需要将同一份文件传送到多个地方时，你只要把各个用户的电话号码连同要传送的文件，一起发送给传真存储转发设备就万事大吉了。传真存储转发设备会按照你的"指示"一个个呼叫对方，完成分送文件的任务。这种功能叫做"广播服务功能"。如果某对方用户"忙"，它还会隔一定时间再重复呼叫，直至任务完成。如果发送过程中出现临时性故障，使文件的传送中断，系统还会在故障消除后重新发出呼叫，执行它未了的使命。

　　预先存储在传真存储转发系统里的文件，可以按照你所设定的时间发送，也可以发送到对方的"传真信箱"里，任对方在他方便的时候取出。

　　传真存储转发是一种非实时传输（发与收不同时进行），在时间上有点延迟，但它带来了可以充分利用传输电路、节省传输费用，以及一些传统的传真方式所没有的功能。因此，这种业务对用户来说是很有吸引力的。

闻声见影的电视电话

电话的发明，使我们能够听到地球另一侧的"悄悄话"。所以有人说，"电话是人耳的延伸"，也有人把它形象地比作神话传说中的"顺风耳"。但电话毕竟是语音通信的工具，只能进行彼此间的语言交流，而缺乏人与人见面时那种丰富的表情交流。这是电话的美中不足之处。

在1964年举行的世界博览会上，美国的贝尔公司展出了世界上的第一部电视电话机。它引起了人们极大的兴趣。电视电话机不仅具有普通电话机传送声音的功能，还能传送人的头部影像，使人们在通电话之际，彼此"见面"，充分交流喜怒哀乐等面部表情。也就是说，电视电话不仅使你能耳听千里，还能眼看千里。

电视电话有传送静止图像的，也有传送活动图像的，为区别起见，通常把前一种叫"可视电话"，后一种叫"电视电话"。可视电话能在普

通电话线上以模拟方式传输，传图像和传声音交替进行。它传送一幅图像所需要的时间是 5 秒～10 秒。电视电话发送、接收图像和传送声音是同时进行的，而且图像的传送速度比可视电话高得多。通常，1 秒钟可传送 1 帧～15 帧画面。

无论是可视电话还是电视电话，都少不了以下这些组成部分：①用作通话的电话机和具有语音处理功能的语音编码器；②图像信号输入部分：由摄像机和将所摄图像转换成电信号传给对方的"视频接口"组成；③图像输出部分：由用来显示对方影像的电视机等组成，也可外接打印机、录像机等，将接收到的内容记录下来，作为资料永久保存；④图像信号的处理部分。

电视电话不仅可以传送人的影像，使相隔千里的人可以闻声见影，犹如面对面谈话一样，而且，还能通过它传送合同、订单、证件和图表等。因此，它是实现办公自动化的重要设备之一。电视电话还可用于家庭安全系统。当有人来访时，可以通过电视电话系统看到来访者的影像，并与他对话，避免因不知来访者的底细而"开门揖盗"，"引狼入室"。

目前，投放市场的电视电话品种很多，其中有一种新产品是可接入公用数字网的"多点数字可视电话"，它能同时与 4 个人通话，并显示 4 个人的

清晰的彩色活动头像，相当于召开一个小型的电视电话会议。

电视电话虽好，但由于终端机价格较贵，且占用很宽的频带（相当于普通电话频带的 1000 倍），普及起来尚有一定困难。今后，随着终端机价格的降低，以及能传送很宽频带信号的光纤向家庭延伸，电视电话将成为很多人家里的"座上客"。

屏幕上的聚会——会议电视

现在，世界上每年都有无数次大大小小的会议要召开，从一个公司、部门的小会到云集五大洲宾朋的国际性会议。开会总是要把参加会议的人聚在一起的，这已成为历来会议的常规。但是，现代通信技术的发展，正在冲破传统的"会议"的概念。会议电视的应用将使人们足不出户，便可以参加各类会议，包括一些国际性会议，实现在屏幕上的聚会。

所谓会议电视，就是用通信电路将分散在各地的电视会议室彼此连接起来，进行声音和图像的交换。不仅主会场的情景（包括讲话和发言者的影像）可以被传送到各个分会场，而且各分会场发言者的声音和影像也可以被传送到主会场和其他分会场。声音由扬声器播出，影像显示在各会议室的荧光屏上。现代的会议电视系统不仅可实现与会者影像和声音的交换，还能通过电子黑板等把图表和大会的有关文件资料传送给每个分会场。

1984年4月，人们首次进行了利用会议电视系统召开国际会议的尝试。这次会议的主会场设在东京，共有五个国家的500余名专家参加会议。和以往的国际会议不同，他们没有集中到东京，而是在自己国家的电视会议室里参加此次盛会。主会场和设在各国的分会场是由分别位于太平洋、大西洋和印度洋上空的通信卫星把它们连接在一起的。卫星电路为它们"穿针引线"，传送彼此的影像和声音。

会议电视的用途日益广泛。它不仅可以用来召开各类会议，起到节省出差时间、差旅费用以及减少能源消耗等作用，而且，还应用于教

电视会议室的布局

学、医疗和紧急救援等各个领域。在教学领域，它将使地处边远地区的儿童也能接受最好的教师的指导，并能实现师生之间"一问一答"的对讲式教学。在经贸领域，会议电视系统有可能取代部分面对面的商业谈判，而实现屏幕对屏幕的交易。除此之外，会议电视系统还能在组织医疗会诊、学术交流和抢险救援工作中大显身手。1990 年 1 月，美国的一艘油轮在北冰洋触冰，导致大量原油泄漏。美国有关部门为此迅速建立了一个会议电视系统，跟踪原油在海面的扩散，以便及时做出决策并调动救援力量。这仅仅是会议电视系统应用的一个实例。

立体电视

　　人类始终生活在一个三维空间里。因此，如何在电视屏幕上看到与实际生活更加贴近的立体图像，给人以一种身临其境的感觉，这一直是人们所翘首期待的。

　　多年来，在电视的立体化方面已经取得了一些进展，但它们大都要求观众戴上一副眼镜。戴眼镜看电视不仅不方便，时间久了眼睛还会疲劳。研究成果表明，不戴眼镜也是能够在电视屏幕上看到立体图像的。

　　日本一种新型的立体电视，是利用人在观察实物时，左眼看到的图像和右眼看到的图像略有不同这一原理制作的。在拍摄电视节目时，用两架相距 6.5 厘米（与人的左右眼距离相同）的摄像机同时拍摄。放映时，将用两部摄像机所摄得的图像同时投射到一个外凸的电视屏幕上。这个屏幕使左摄像机所摄得的图像传到观众的左眼，右摄像机所摄得的图像传到观众的右眼，这样，观众就会看到一个栩栩如生的三维画面了。

　　美国还研制成了一种多屏幕立体电视。它的屏幕是由一个主屏幕和

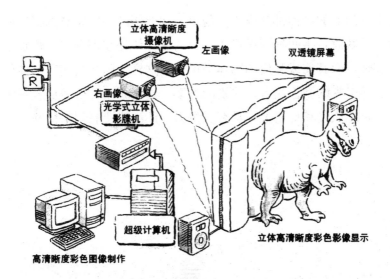

立体电视

放在它前面的一个或多个液晶显示屏幕构成的。前面几个透明的液晶显示屏幕是显示前景图像的，而后面的屏幕只显示背景图像。这样可以做到层次分明，给人以立体感。

英国一科学家发明的立体电视采用的又是另一种原理。他注意到，人眼在看某一真实物体时，视线总是聚焦在这一物体上的，而位于该物体前面或后面的物体都是虚影。他也用两架相隔一定距离的摄像机拍摄图像。放映时，将两种图像经过一定处理，使处在观众视线焦点上的物体呈实像，而其前或其后的物体呈虚像。这样，同样会获得立体效果。

立体电视的制作还有一些别的方案。到底哪一种方案更容易为观众所接受，在质量和价格上更具有竞争力，还需要让时间来检验。

壁挂电视和宽屏幕电视

随着科学技术的进步，在与人们生活密切相关的广播电视领域里，真是新秀如云，令人目不暇接。

壁挂电视　近一个世纪以来，作为电视机主要部件的显像管，几乎是 CRT（阴极射线管）一统天下。电视机的屏幕越大，显像管所占的体积也就越大，电视机也就越笨重。而由于液晶显示器、等离子体显示器等的相继出现，为显示器实现平面化开辟了道路。一般认为，等离子体显示器是实现大画面壁挂电视的理想显示器件。

等离子体显示的基本原理是将两块有一定间隔的玻璃板四周密封起来，形成一个空间。其间充有稀有气体，并在上下装上电极。当电极通电后，气体便放电产生紫外线，去刺激红、绿、蓝荧光体发光，从而显示出彩色图像。

　　等离子体显示器的目标是制成 127 厘米（50 英寸）以上的壁挂式高清晰度电视机。这样，寸金尺土的大城市里的居民，就不必为购买大屏幕电视所付出的空间代价而担忧了。例如，一台 100 厘米壁挂式电视机的屏幕厚度仅 5 厘米～6 厘米，自重只有几千克。壁挂电视乍看起来就像是一幅挂在墙上的画，只占很小一点空间。它是家庭家

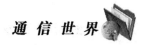

电中的新宠。

宽屏幕电视 宽屏幕电视机是电视画面的横竖尺寸比要比传统电视机更大的一类电视机的总称。宽屏幕，是未来电视广播发展的一种趋势。

宽屏幕电视的魅力在于它能使电视观众获得前所未有的新鲜感和临场感。也就是说，它使观众更有"身临其境"和进入更广阔天地的感觉。

宽屏幕电视大都使用"变焦放大"模式。采用这种模式，4：3的画面可以直接放大成 16：9 的画面，只是原图像的上下方被切去了少许。关于水平视角的变化，以 81 厘米（32 英寸）宽屏幕电视机为例，如果在距屏幕 4H（H 为电视机屏幕高度）的地方观看，普通模式的水平视角为 19°，而变焦放大模式的水平视角为 25°。现在，一些国家的电视台已播放宽格式电视节目，这会使宽屏幕电视更加走俏市场。

数字电视

　　今天，人们正在通过自己的切身感受，意识到一个数字化时代已经到来。从戴在手上的数字式电子表，到商店里直接显示商品单价、重量和应付款额的电子秤；从数字式体温计到数字移动电话，都无不与"数字"这两个字联系在一起，在电视领域里也不例外。"数字化"已成为不可抵挡的历史潮流。

　　数字电视是相对于我们目前广泛使用的模拟电视来说的。目前的电视，电视台发送的和电视机接收的，都是通过电子束对图像进行逐点、

逐行"扫描"后得到的视频信号，信号的大小模拟了图像的明暗变化。电视的声频信号也模拟了伴音的高低。可以想象，如果在这种模拟电视的制作、传输和接收过程中，混入了干扰和失真，电视质量就会受到影响。例如，目前大家看电视时感到头痛的重影、雪花干扰和色彩失真等，都是由此而产生的。

与模拟电视不同，数字电视不怕干扰。这是因为，在数字电视中，通过扫描得到的电信号不直接被传送出去，而是先统统变成为由"0"和"1"两个数字组成的一组组数字信号。"1"和"0"在电路中对应于信号的"有"和"无"。尽管在电视制作、传输和接收过程中，仍然难免会附加一定的干扰和失真，但只要不是大到影响"0"和"1"的判断，都不会影响到电视的收看质量。这就是数字化所带来的好处。

电视信号数字化之后，电视机里的许多元器件都可以用集成电路来代替。这不但可使电视机的体积大大缩小，耗电量大大下降，而且不需要调整。这有利于降低成本和进行大批量生产。

数字电视还有许多吸引人的性能。譬如，当你看到一个精彩画面，不希望它稍纵即逝时，可以操纵控制器让它"凝固"在屏幕上；你还可以随心所欲地将画面的某个部分放大，或让多个频道的节目同时在荧屏上显示；也可以将你特别感兴趣的图像储存起来。

1998年9月23日，英国广播公司（BBC）首先开播数字电视；10月1日美国也开始播放数字电视节目，从而使数字电视走出实验室投入实际应用。我国也于同年完成了数字电视样机，并进行数字电视节目地面广播和接收演示……所有这些都说明了一个电视广播新时代的到来。

加密电视

加密电视是电视节目的提供者为了达到对某一套或某几套电视节目进行收视限制，以便于向收视节目的人收取一定的收视费用而想出来的办法。具体做法是对这一套或这几套节目的信号做特殊处理，使普通电视机根本无法收看。而那些向加密电视节目提供者交纳一定收视费的用户，则可以通过一个叫"解码器"的设备对"加密"的电视信号进行"解密"，从而获得收看加密电视节目的权利。

目前我国的加密电视有加密卫星电视和加密有线电视之分。由于加密卫星电视的解码器价格昂贵，目前这类电视节目一般都由有线电视台接收下来，通过解密后再经有线电视网分送给千家万户。

由于加密的主要目的是为了向用户收费，因而这种电视又称为"付费电视"。

高清晰度电视

60多年前，当电视神奇地出现在人们面前时，很多人欢呼雀跃，奔走相告。随后，电视便经历了由"黑白"走向"彩色"的艰难跋涉。不少人在得到满足的同时，又发出了"电视不如电影"的感叹。的确，目前的电视机，其清晰程度只相当于 8 毫米～16 毫米"小电影"的水平。

壁挂式高清晰度电视

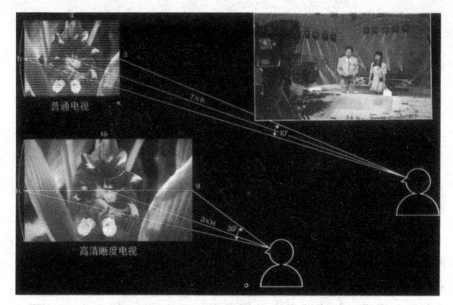

高清晰度电视与普通电视的比较

目前电视机的清晰度不理想，是由于它的一帧画面只有 625 行扫描线。这好比是用粗纱织的布一样，看上去不细腻。电视屏幕越大，离电视屏幕越近，就越会感觉到画面的粗糙。为了获得可与电影相媲美的效果，日本、西欧国家和美国都在竞相开发高清晰度电视。

目前已开发的高清晰度电视，其扫描线数量增加了一倍，即每帧 1250 行，这好比改用细纱织布，使布的质地细腻了。高清晰度电视在清晰程度上与 35 毫米的电影不相上下。它还将电视屏幕的宽高比由 4∶3 改为 16∶9。屏幕尺寸比例的这种改变，使观众具有更宽的视野，且能产生身临其境的感觉。

1989 年，日本试播了高清晰度电视节目，首开这项技术实用化之先河。1990 年，面向家庭的高清晰度电视机投放市场。1998 年 6 月，我国自行开发的第一台高清晰度电视功能机试验成功，同年 9 月在中央电视塔进行了发射和接收实验。

高清晰度电视有着十分广阔的应用前景。例如，它与光导纤维结合，可以用来观察人体内部器官的异常变化；它可以使许多艺术珍品逼真地展现在电视屏幕上，供展览和研究；它还使得千百万人足不出户便可享受看电影的乐趣……

从共用天线电视到有线电视

在 20 世纪 40 年代电视发展初期，为了解决远离电视台的地区收看电视节目效果差的问题，在这些地区的山丘之上或高楼顶部架起了共用电视接收天线，用来改善电视的接收效果。共用天线接收到的电视信号，再用电缆分别传送给本地区的电视用户。这就是有线电视的雏形——共用天线电视产生的背景。

后来，随着城市高楼的迅速增加，那些离电视台并不很远的地方，

由于高楼对电波的阻挡，也同样存在电视接收效果不佳的问题。这样，共用天线电视在城市也逐渐发展了起来。

可见，最初的共用天线电视仅仅是为了改善无线电视接收效果而采取的一种措施。但随着人们对文化生活多样化的要求日渐迫切，传统的单向、被动的电视接收方式已不再适应需要。于是，在共用天线电视的基础上，便出现了有线电视这种新兴的业务。

有线电视也有叫"电缆电视"的。有线电视系统除了能以良好的效果把来自无线电视台和电视广播卫星的电视节目接收下来，以有线方式传送给有线电视用户，还能把自编的地区性节目或录像节目通过电缆、光缆传送给用户。有线传输不仅在质量上优于无线传输，而且由于电缆和光缆能够传输频带很宽的信号，可以同时传送数十套以至上百套电视节目，因此，有线电视能为电视观众提供更大范围的节目选择余地。

有线电视与电视广播卫星系统紧密地结合在一起，形成"天上靠卫星传送，地面靠有线电视覆盖"的格局。这极大地丰富了有线电视的节目来源，也有利于电视信号质量的提高。光纤技术和多路微波传输技术

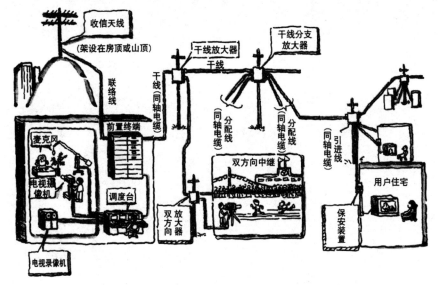

有线电视系统的构成

也都在有线电视中得到应用。光纤有很大的容量，还具有重量轻、抗干扰能力强等优点，因此对拓宽有线电视的服务领域起到重要作用。有线电视与多路微波传输技术相结合，可扩大有线电视的覆盖面。

　　有线电视以能提供越来越多的电视频道来吸引观众。除此之外，实现双向传输也是有线电视的一个发展方向。就是说，有线电视不是只能被动地接收电视节目，还能向有线电视节目制作中心传送信号。这对于实现电视点播、家庭购物、电子银行、火灾告警，以及在家接受电视记者采访等，都是很有实用意义的。

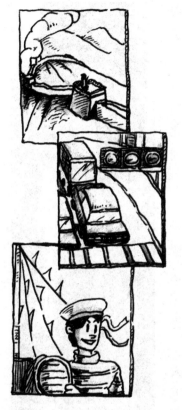

源远流长的光通信

很久以前，人类就懂得利用光来传递信息。烽火、狼烟、灯光以及旗语等等，都曾被利用作为通信手段。流传十分广泛的"幽王烽火戏诸侯"的故事，以及"城头烽火不曾灭，疆场征战何时歇？"（《胡笳十八拍》）"羽檄起边庭，烽火乱如萤"等古诗名句，无不在告诉我们，以烽火来通报军情的这种光通信手段，在我国很早以前就有了。

1880 年，正是那位大名鼎鼎的电话发明家贝尔，首先进行了利用

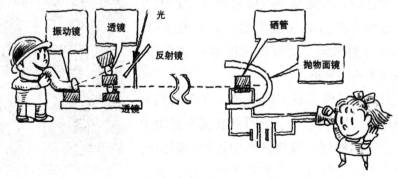

贝尔发明的光电话

太阳光来通电话的尝试。他所制作的"光电话"装置能把声音的变化变换成光的振动进行传送，到对方后再把光的振动还原成声音。可惜，试验装置的传输距离只有 213 米。后来，发明了能将光变成电的光电管。于是，在进行通信时，发信端把电信号的强弱变化转换为灯光的明暗变化，这种光信号经空间传送后，在收信端通过光电管还原成电信号。这是早期光通信所采用的方法。

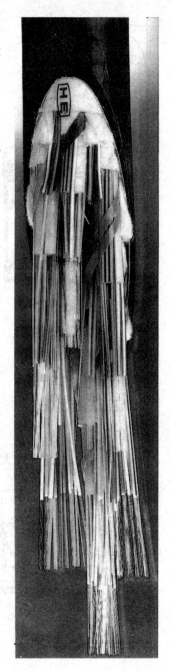

从实践经验中大家知道，普通光在经过空间传播后，会明显地产生散射，而且还要受雨、雾等自然气候条件的影响。如果传送的距离很远，到了目的地，被接收机收到的光能量就非常微弱了。所以，这种用自然光经空间传送信息的方法只能用作短距离通信。

为了解决光信号远距离传输的问题，人们在光的传输路径和光源两方面想了很多办法，终于使光通信真正走向了实用。

在解决光的传送途径方面，曾采用过用一系列透镜、反射镜等组成封闭导光路的方法。这种方法虽然克服了雨、雾等的影响，但要有控制透镜、反射镜角度的精密机构，实现起来相当困难。

后来，发明了石英玻璃等电介质制成的光导纤维（简称光纤）。光纤能让光在封闭的像头发丝那样细的玻璃纤维中传输，因而传输过程中不会受外界自然条件的影响，也不需要透镜一类装置。1951年，光纤首先在医疗上获得应用。1966年英国的STL研究所发表了一篇论述光纤应用前景的论文，引起世界各国对研究低损耗光纤的兴趣。1970年，美国的康宁公司在研制高透明度、低损耗光纤上脱颖而出，制造出了经150米后光的强度才降低一半的光纤。这在当时来说是惊人的突破。此后，光纤的每千米损耗逐步下降，至1979年已达到了目前石英光纤损耗的最低极限值——0.2分贝/千米，从而为实现光的远距离传输铺平了道路。

在另一方面，1960年和1961年先后发明了固体激光器和气体激光器。接着，又开发了用于通信的半导体激光器。最早的半导体激光器的寿命只有几个小时，但到1980年，它的寿命已超过10万小时（相当于12年～13年）。

由于光纤和激光器方面技术的节节突破，一个诱人的光通信时代便呈现在人们的面前。

纤径里的"快车道"——光纤通信

现代光通信是以激光为光源、以光纤作为传输媒介的。

光纤是透明度极高的石英玻璃线，它由纤芯和包层组成。纤芯部分的折射率较大，包层部分的折射率较小。光是直线传播的，当它从折射率大的物质进入折射率小的物质时，在界面上会发生"全反射"现象。因此，如果让激光以一定的入射角射入光纤的纤芯时，它便会在纤芯和包层的界面上发生"全反射"，光便会在纤芯内部以 300000 千米/秒的光速沿锯齿形的路径向前传播。

光纤的直径大约只有 10 微米～12 微米（1 微米是 1 毫米的千分之一），可见其细如丝。别看它细，却很有"城府"。从理论上讲，它能同时传送 100 万个频道的高质量的电视或 200 亿路电话。这是由于光的频率范围非常之宽，像一条宽广无比的大马路。尽管受目前技术条件的限

制，实际应用中的光纤还没有达到这样一个理想境界，但它的容量仍然是一般铜线、电缆和微波线路所望尘莫及的。正由于这个原因，在 21 世纪，光纤已成为通信媒体中的主角。信息高速公路和多媒体通信，哪样也离不开它。

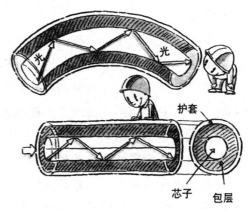

护套

芯子　包层

光在纤中的传送

原先我们的电话只能传声音，不能传影像；我们的电视只能被动地收看电视台播放的几十个电视节目。这些都是由于传输频道太少、太窄所造成的。一旦实现了"光纤到户"，情况便会得到根本的改变。因为，光纤将提供大量廉价的通道。

光纤的原材料是石英，在地球上取之不尽、用之不竭，比起资源短缺的铜来，无论从材料来源和价格上都具有绝对的优势，而且，它的重量又轻，便于运输。这对于军事航空和宇航通信等，更具有重要意义。

光纤是非导体，所以，光纤通信不受外界电磁波的影响，它甚至可以与电力线同杆架设。光纤通信的这种特性，还使它具有很好的保密

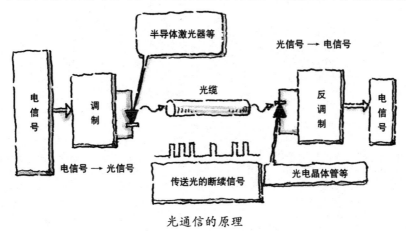

光通信的原理

性能。

那么，光纤通信是怎样进行的呢？

首先，电话机、电视机、传真机和数据终端机等终端设备所发出的电信号，要经过电—光转换器，把它变成激光后在光纤中传输。光信号的强度会随着通信距离的增大而逐渐减弱，因而需要在沿途设置一些叫中继器的设备不断给它"加油"。光信号传到对方后由一种叫光—电转换器的设备把它还原成电信号，为对方用户所接收。这就是光通信的简单过程。由此可见，一个光纤通信系统是由通信终端、光—电和电—光转换器、光纤，以及中继器等组成的。

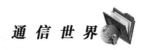

海底"大道"——海缆和光缆

在地球上，海洋的面积要占整个地球表面积的 70%。一望无际的海疆把生活在各大洲的人们分割了开来，天各一方。在通信不发达的往昔，他们要互通音信，只能是"望洋兴叹"了！

1850 年，也就是在电报发明后的第 13 年，世界上第一条海底电缆敷设成功。虽几经周折，但毕竟是为穿洋过海传递信息迈出了第一步。

最初敷设的海底电缆只能通 1 路电话。到了 1937 年前后，才采用了通信容量较大的同轴电缆，我们这里讲的"海缆"，就是这种"海底同轴电缆"的简称。

海缆的主体是一个或若干个以铜为材料的同轴对。它能同时容纳几十对乃至几千对用户通话或传送别的信息。以我国与日本之间敷设的第一条海底电缆为例，它全长 850 千米，可同时允许 480 对用户通话。现在，海底电缆的通信距离可达几千千米，通信容量也是今非昔比了。

随着光通信的崛起，越

1858年敷设电报电缆的船只

现代敷设海缆作业

洋通信的主角已渐渐为光缆所取代。海底光缆通信系统由海底光缆、水下中继器、水下分支设备和传输终端设备所组成。它与国际通信出口局连接，构成国际通信通道。海底光缆的通信容量有 3780 路、5670 路、7560 路等。新建的超大容量光缆容量可达 60480 路。就是说，它能同时容纳 6 万多对人在其中通话。

敷设海缆的作业示意图

海底光缆中继器

目前，跨越海湾的无中继光缆系统，无中继距离可达 235 千米。越洋光缆由于路途遥远，中间都要设置信号的加油站——中继器。它一般都是采用先将光变为电放大后，再变回光的方式。中继器设有监控和防护装置，可在海下工作 25 年。

海底光缆的核心是光纤，它也有多种形式。为了让它能在海底的严酷环境中工作 25 年以上，在一般芯数为 4 芯～12 芯（视传输系统数量而定）的光纤外面要有可靠的保护层，使它既能经受海洋的深水压力，又能承受敷设和修理时的张力，另外还要考虑鱼咬和腐蚀等因素。

我国的海岸线延绵数千千米，又有十分丰富的海洋资源，因此发展海底电缆与海底光缆具有十分重大的现实意义。

我国敷设的第一条国际光缆是中日海底光缆，它是在 1993 年 12 月开通的。这条海底光缆从上海的南汇通达日本九州的宫崎，全长 1260 千米，可开通 7560 条电话电路。我国建设的第二条海底光缆是中韩海底光缆，全长约 550 千米。我国还参加了多条长距离国际海缆的投资和建设。

　　海底光缆不仅有点对点的方式，还有三点构成的"星形"方式。连接日本、韩国和俄罗斯的俄日韩海底光缆就属于后一种。此外，还有四点"星形"和多点"环形"方式。

　　总之，海底光缆与陆地光缆各霸一方、遥相配合，在建立全球信息高速公路的壮举中占尽风光。

| 赫兹
(1857～1894) | 麦克斯韦
(1831～1879) | 法拉第
(1791～1867) |

"无线世界" 览胜

电磁波在自然界里早已存在了。当电闪雷鸣之际，我们的收音机就会发出"喀、喀、喀"的响声，电视机的图像也会出现闪烁。这种现象被称为"雷电干扰"。这是由于打雷闪电的时候，会有许多电磁波产生，因而形成对家用电器的干扰。电磁波真正被人类发现和认识，那是19世纪的事。

在1864年至1865年间，著名的英国科学家麦克斯韦在丹麦物理学家奥斯特和英国物理学家法拉第有关电磁现象实验的基础上，首先预言了电磁波的存在。1887年，德国物理学家赫兹在实验中证实电磁波的确存在。1895 年，无线电报的发明使电磁波在通信中得到应用，从而开创了一个"无线世界"。

采用这种项链式天线，你就可以把索尼 Watchman 彩色电视机挂在脖子上收看

一个世纪以来，无线世界发生了惊人的变化。无线电波不仅使人们享受到了走到哪里都能用一只袖珍半导体收音机收听最新新闻和各种音乐节目的乐趣，还使人们能用移动电话与远在异国他乡的人进行通话。每一个人都使用一个固定的号码，随时可与地球上任何一个人建立联系的个人通信时代已经到来。有朝一日，家长可以通过卫星无线电系统把声音和图像送到装在孩子衣服袖口的接收机上去。第一批双向寻呼机问世时，它可以发送简短的回答信息，克服了原先传呼机只能收不能发的弊端。袖珍计算机也引入无线功能，通过它可以收发个人的电子邮件和传真；调制解调器和蜂窝式移动电话相连，可使现在的蜂窝网络能够以相当高的速度接收和发送计算机数据。以无线电波为传输媒体的无线可视电话机已经问世。无线电波还能把你的通信终端与国际计算机互联网连接到一起，为你获取各种各样的信息带来很大方便。20 世纪 90 年代后期，新型的卫星电话网已能提供环球性服务，真正实现所谓的"无界限"呼叫；能够比有线电视提供更多频道，和具有更高的音频、视频质量的卫星电视系统，正在朝着使接收天线越做越小的方向发展，已经开发出可以放在台子上的像比萨饼大小的

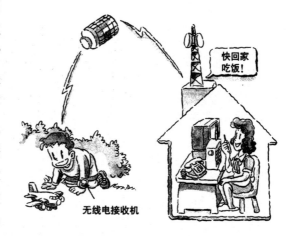

快回家吃饭！

无线电接收机

天线。它不仅能用于收看电视节目，还能与个人计算机连接，传送数据和传真。无线电数据广播系统向数百万台带有显示器的汽车无线电收音机进行新闻、气象、交通和音乐广播；卫星所发射的无线电波会引导汽车，并给它提供一个最佳的行车路线。无线通信在海上、在环境恶劣的地区以及在未来的战场上，仍将起着举足轻重的作用……

　　无线电波充满在我们周围空间，它已成为人们竞相利用的一个十分难得的共同资源。但这种资源是有限的，如何安全、合理使用和提高它的利用率，已成为人类共同关注的问题。

无绳电话

普通电话都是放在某个固定的位置上，人们接电话或打电话，都必须要走到这个位置。这在有的时候就显得不便了，甚至还可能由于我们远离话机听不到铃声而接不着电话。

20 世纪 70 年代中期，一种使人能摆脱电话线束缚的无绳电话问世了。所谓"无绳电话"，说得简单一点，就是将电话机的底座与带拨号盘的送受话器"分家"。底座作为基站，可放

普通电话用户

电信局

室内

室外

家庭

在桌子上或挂在墙上，与电话线路相连接，而基站与送受话器之间则靠无线电波彼此传递信息。你可以携带送受话器在室内或院子里随意走动，只要是在无线电波的作用范围内（一般为 50 米），就能随时接电话或往外打电话。为了达到话机底座与送受话器之间既分离（有形的）又保持联系（无形的）的目的，在话机的底座（基站）和送受话器里都装有无线电收发信机和信号转换器。它们的作用是把拨号信号和话音信号转换成无线电波发送出去，或把无线电波接收下来实现相反的变换。

上面所说的无绳电话是第一代无绳电话（叫 CT1）。它发送出去的电信号的大小，跟着话音大小而变化，我们把这种方式称做是模拟方式。模拟式电话通话质量较差，容易受干扰和被人窃听。

稍后出现的第二代无绳电话（叫 CT2）与第一代无绳电话相比，主要有以下两个特点：首先，它采用数字技术，解决了通话质量和抗干扰两大问题；其次，它的使用范围从家庭延伸到了商业区。在人口比较密集的商业区、车站、机场，每隔几百米便设置一个无线电话亭，每个亭子都能提供一个或几个无线信道，供加入该系统的持无绳电话手机者使用。而这些无线电话亭的另一头是通过电缆与电话网连接起来的。这样，在这些建有无线电话亭的地区，用户用手持电话机便可与电话网中的任何一个用户通话。

CT2 比 CT1 前进了一步，但也存在一些缺点，譬如，只能打出电话，而无法接收打入的电话，是单方向的。因此，它往往与 BP 机配合使用。另外，一个无线电话亭的覆盖半径只有几百米，如果要求建立通信的范围比较大，就必须有许多无线电话亭，投入的资金也相对较大。

　　第三代无绳电话我们叫它 CT3。它克服了 CT2 单向性的缺点，能进行双向通话，而且还有越区和漫游功能。

　　从无绳电话的更新换代可以看出，通信技术的飞速发展，正在给人们提供越来越多的"自由度"。

无线寻呼系统

　　20世纪90年代，漫步城市街头，我们时而会听到一种"嘞、嘞、嘞"的响声。这是从一些人身上的BP机发出来的。

　　BP机，又叫无线寻呼机。它是专门用来接收无线电寻呼系统发来的信息的。如果我们想要寻找某个人，但不知道他此时此刻身在何处，就可以拨通寻呼台的电话，然后把被叫寻呼机的号码、主叫姓名和电话号码，以及要传递给被叫的简短信息告诉寻呼台的话务员。话务员将这些内容都送入计算机，经过编码、调制等一系列过程，从无线电发射机发射出去。被叫的BP机在收到这个无线电波后，便会发出振动或"嘞、嘞"声。它提醒用户："现在有人在'呼'你。"被叫用户拿起BP机，可以在显示屏上看到主叫通过寻呼台传给他的一条简短信息或主叫的电话号码，如果他认为

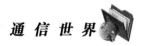

有必要，还可据此打电话与主叫进一步取得联系。

上面讲的是人工寻呼的情况。还有一种自动寻呼系统，它不用寻呼台话务员转接，只要直接拨自动寻呼台的电话号码，接着再拨寻呼号码，或直接向寻呼台的语音信箱留言。其发射过程与上面讲的相同，但整个过程都是由安装在寻呼台的计算机自动控制的。

最早的 BP 机只能发出"嘀、嘀、嘀"的声音，用户根据声音的长短来粗略地辨别呼叫者是谁，然后在附近找电话与他取得联系。后来出现了一次能显示 12 位以上数字，总长度为 20 个字符的数字寻呼机。再后来，又出现了一种能直接以汉字显示信息内容的"汉显"BP 机。这种寻呼机省去了用户查代码的麻烦，使信息内容变得一目了然，因而受到用户的欢迎。

当时，人们所接触到的无线电寻呼系统，它的应用范围大多还只限于用户所在的城市。随着地区间、城市间、国际间的社会和经济交往的日益频繁，无线电寻呼有打破城市疆界，实现全国化、国际化的趋势。下面以进行国内寻呼为例，介绍一下它的过程。首先，主叫通过电话接

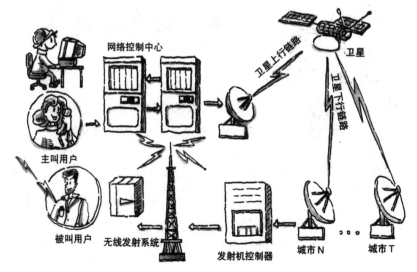

全国无线寻呼系统

通寻呼网络控制中心，在该中心计算机的指导下一步一步地完成输入数据和信息的工作。接着，网络控制中心对信息进行处理、编码，再通过卫星发射出去。这个信号同时为分布在全国各地的该系统的卫星接收站所接收，并将它送到发射机控制器。在发射机控制器里，所接收到的信息要经过一系列变换，最后通过无线电发射台发射出去，为被叫用户所接收。

蜂窝式移动电话

"大哥大"曾经在城市居民中可说是家喻户晓。其实，它的正式称呼应该是"蜂窝式移动电话机"。

移动电话是 20 世纪 70 年代投入运用的一种新的通信方式。它的主要特点是电话跟着人走。不论你走到哪里，都可以与别的用户（固定的或在移动中的）保持联系。

最初的移动电话系统是由移动台和基地台组成的。移动台通常是装在汽车里的车载移动电话机；基地台担负移动用户之间或移动用户和固定用户之间的信息交换任务。由于基地台的天线高度和发射功率有限，无线电波的覆盖面不是很大，而且容纳不了多少用户。为了实现更大范围的移动通信，有人便提出把需要实现移动通信的区域划分成许多呈正六边形的小区，每个小区设一个基地台。相邻的小区采用不同的频率，以避免彼此干扰；而相距较远的小区可以采用相同的频率。由于每个基地台所覆盖的范围小了很多，其发

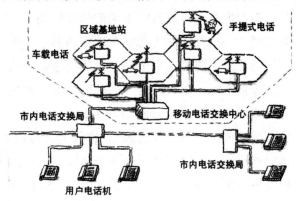

射功率也相对减小了，故不会对相距较远的小区产生影响。这就是同一个频率可以使用多次，达到节省频率资源目的的原因。一个个正六边形小区错落有致地排列起来，其形状酷似蜂房。"蜂窝式移动电话"也因此而得名。

蜂窝式移动电话系统由五个部分组成，即蜂窝式移动电话机用户（连同蜂窝式移动电话机）、基地台、移动电话交换中心、市内电话交换机和市内电话用户。蜂窝式移动电话机（包括车载的和手持的）主要由送受话器、控制组件、天线和电源四个部分组成。在送受话器上除了装有话筒、耳机，还有数字、字母显示器以及控制键和拨号键等。控制组件具有许多重要功能，例如，它装有发射电

新颖的可视移动电话

路和接收电路，发射电路可以向天线发出经过调制的控制信号和话音信号；接收电路可以把接收下来的信号解调。当时人们所用的手持式移动电话机中，控制组件大都装在送受话器中。由于移动电话机是在流动中使用的，所需要的电力全都需要用电池来供给。手持式移动电话机通常使用镍镉电池，用一段时间后就需要充一次电。

移动电话的拨号过程与普通电话基本相同，只是在拨完所有数字后，需要再按一下"发送键"，这样电话号码才能被发送出去。如果通信的通道畅通，你便会听到一个回铃音，通话便可开始；如果拨叫的用户是另一个移动用户，那么你的话音通过离你最近的小区基地台的电波，传到移动电话交换中心，经该中心的控制、接续，传送到被叫用户

所在小区的基地台，再传送给被叫用户；如果你拨叫的用户是某市话用户，那么从移动电话交换中心出来的信号就被送到市内电话交换局，然后经市内电话网为被叫用户所接收。

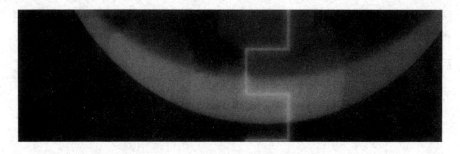

"全球通"——移动电话的数字化

　　凡是与移动电话打过交道的人都知道，移动电话手机有"模拟机"和"数字机"之分。这说明，目前我们所使用的移动电话分属两个大的系统，即模拟移动电话系统和数字移动电话系统。对于后者，人们送它一个雅号，叫"全球通"。

　　"全球通"，一个多有吸引力的名字啊！实际上，它确实名不虚传。它是在模拟移动电话的发展遇到很多难题的背景下诞生的。

模拟移动电话虽然可以通过蜂窝状的网络结构，实现同一个频率在相隔较远的小区中重复使用，使频率的利用率提高。可是，由于移动电话用户的剧增，有限的频率资源很快就不够用了。于是，人们便想到了数字方式，即从"数字化"上寻找出路。所谓移动电话的数字化，就是将移动台（手机或车台）与基站之间的话音传输，由原来的模拟方式改为数字方式。这样做有什么好处呢？

首先，移动电话数字化之后，人的话音就被变成一串串由"0"和"1"组成的数字信号。在此基础上采用一种叫"时分多址"的技术，便可以使多个（譬如4个）移动台占用同一个频道，而且互不干扰。这样一来，便使频率资源的利用率大大提高了。

其次，数字化之后还给用户带来更多的"个人化"色彩。数字移动电话的用户有一个属于他个人的电话号码（模拟移动电话的号码只是手

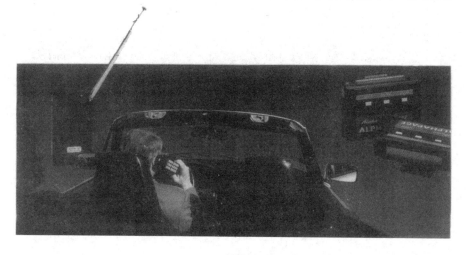

机的号码），这个号码以及用户的一些其他资料（如通话费等）都储存在一张叫"用户识别卡"的卡片之中。用户只要带上这张卡，便可以使用任何的数字手机或车载电话打电话。由于电话费都记在持卡人的账上，因此数字手机或车载电话的主人是不会介意的。

移动电话数字化后，还可以使移动台和基站设备的体积缩小；使移动电话功能增多，干扰减小，音质变好，还有利于安全、保密。数字移动电话除了能向用户提供普通电话服务，还能提供短消息、语音信箱、传真、数据通信等多种多样的服务，真可谓是一举多得。

目前在我国，数字蜂窝移动电话已实现全国联网。用户可以带着数字手机，在全国"漫游"。不仅能打本地电话，还能打国内长途电话。还进一步发展到与海外某些国家和地区联网，从而使"全球通"这个名字更加名副其实。

基站

PHS——迈向个人通信时代的第一步

在 20 世纪 90 年代，传统的电话机由于不够灵活，已经满足不了信息时代人们流动性增加、在办事效率上分秒必争的要求，而蜂窝式移动电话（俗称"大哥大"）又过于昂贵，非一般人所用得起。面对上述实际情况，一种兼顾实用性和低价格的个人手提电话系统 PHS（Personal Handy－phone System）应运而生。

PHS 是适合于城市使用的个人通信系统。PHS 手机既可以在家庭、办公室使用，也可以带到室外，在街道或机场、地铁站使用。PHS 手机通过与室内或室外"基站"的无线电联络，被接入公用电话网或综合业务数字网，实现与网上用户的双向通信。双向性，正是它与第二代无绳电话相比的一个重要优点。基站轻盈、小巧，可以安装在大厦的墙壁上，或电话亭的顶部。它工作在 1895 兆赫～1918.1 兆赫频段，可同时容许 308 个用户进行双向通信。由于它的发射功率较小（不大于 10 毫瓦），覆盖半径也较小（100 米～500 米），因而同一频道可以在隔一定距离后重复使用。这有利于在有限的使用频带内扩大用户的数量。它不像蜂窝式移动电话那样需要单独建网，所以成本也较低。

PHS 系统最早是由日本研究成功的。它除了可以通过基站实现与市话网上的用户互通电话，在某些情况下，还可以发挥对讲机的功能，在手机之间直接进行通话。PHS还允许在慢速移动（20千米/时）的情况下越区而保持通信不被中断。

天线

固定终端

PHS被认为是向个人通信时代迈出的第一步。它除了用作通话，还可提供信息查询服务，或与家庭计算机、其他通信终端机相连接，进行远程通信和数据传送。

"地球之音"

这些年来，世界各地不断有关于"UFO"的传闻，扑朔迷离，若真若假。一些来自宇宙的异常信号，以及类似于太阳系的星系的发现，都不断地在激励人们在茫茫太空寻找生命的努力。

1972年和1973年，美国发射了两艘远征宇宙的星际飞船——"先锋10号"和"先锋11号"，让它们捎带了一封制作在一块经特殊处理的铝板上的"信"，试图以宇宙人所能理解的语言对地球作一个"自我介绍"。

1977年，美国的太空探测器"旅行者1号"和"旅行者2号"又相继登程，给宇宙送去"地球之音"。所谓"地球之音"，包括用60种语言对想象中的宇宙人的问候语，35种自然界的声音，27种世界名曲（包括中国的古琴演奏曲《流水》），116幅储存在电脑中的图像。科学家们相信，如果宇宙空间真有智慧生命的话，这份"见面礼"最终总会送到他们手里的。

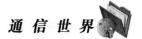

集群移动通信

　　在电影和电视里我们经常可以看到，在追捕逃犯的过程中，公安人员通过对讲机彼此通报情况，或部署下一步的行动计划；在救灾现场，领导者在通过无线电系统指挥战斗……这些，都是专用调度通信的实际应用。

　　专用调度通信已有很长的历史。从一对一的单机对讲到一呼百应（一个人讲，许多人都能同时听到）的单信道调度通信，后来又进一步发展到了能够通过拨号实现"选呼"功能的无线调度网。每个专用调度通信系统都要占用几对无线电频率。随着用于厂矿、油田、企业、机场、车队等的专用调度通信的发展，有限的频率资源就越来越紧张了；而固定分配出去的频率又得不到充分的利用。面对这一严重矛盾，人们一方面在开发新的无线电频段，另一方面，在合理使用有限的频率资源方面寻找出路。集群移动通信系统正是在这种背景下"脱颖而出"的。

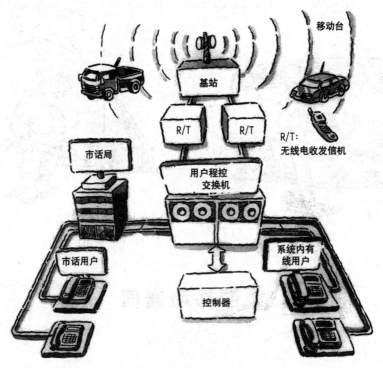

集群移动通信系统

　　什么是集群移动通信系统呢？原来它是一种多信道、多用户共享的高级无线电调度系统。它的核心部分是用微机作"控制器"的"用户程控交换机"。它可以将若干"系统内的有线用户"、"市话用户"和若干共用"基站"天线的无线用户连接起来。一个"基站"的天线可由若干个"无线电收发信机"所共用，而每个"无线电收发信机"又可包含若干个信道数。这里所说的"若干"到底是多少，要视系统的容量而定。

　　集群移动通信系统的最大特点是许多用户共同使用若干个无线信道，使频率资源得到充分利用。另外，在系统内部实行"排队制"。当因信道占满暂时接不通时，它会把主、被叫号码自动记录下来，一旦信道有了空闲，便按顺序逐一接通。这是蜂窝式移动电话（俗称"大哥大"）所不具备的功能。集群系统主要提供本系统内的通信，但也允许为数不多的移动台进入市话网，与市话用户直接进行通信。

目前，我国已有数十个 450 兆赫和 800 兆赫的集群移动通信系统在投入使用，它们广泛地用于公安、消防、交通、防汛、电力、铁道、金融等部门，作分组调度使用。

天外"月老"——通信卫星

目前人们所接通的国际长途电话中，有相当一部分是靠通信卫星"牵线"的。有了通信卫星，人们无论是坐在自己家里或办公室里，还是在行驶着的汽车、火车、飞机之中，想打一个国际长途电话，都易如反掌。通信卫星高悬玉宇，为地球上人类的互通音信而不辞辛劳地牵线搭桥。从这个意义上讲，它真称得上是天外"月老"了。

利用卫星进行通信的历史不算长，迄今只有 40 多年时间，但它的发展速度却是十分惊人的。

1957 年 10 月 4 日，苏联发射了第一颗人造卫星。这不仅意味着人

类从此步入航天时代，同时也拉开了人类利用卫星进行通信的时代的序幕。1965 年 4 月 6 日，世界上第一颗商用通信卫星"晨鸟号"升空，一个真正的卫星通信时代便由此开始。

截止到 1994 年 7 月底，世界各国已向太空发射了 4511 颗人造地球卫星。其中通信卫星占有相当大的比重，仅国际卫星通信组织发射的就有 44 颗。中国是九个能靠自己力量发射卫星的国家之一。1984 年 4 月，我国第一颗通信卫星升空。卫星按绕地球旋转的轨道位置来分，有在离地球赤道 36000 千米上空绕地球旋转的"静止卫星"，也有在与地球自转周期无关的较低轨道上旋转的"低轨道卫星"等。前者由于绕地球旋转一圈所需要的时间正好与地球自转周期相同，

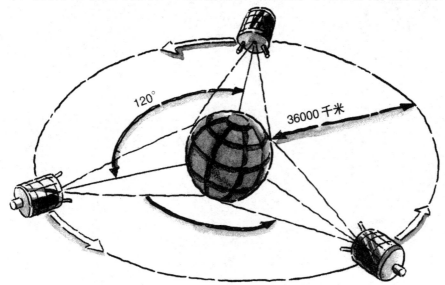

三颗等间隔分布的同步卫星，其电波可覆盖全球

因而从地球上看，它像是静止不动的，"静止卫星"也由此而得名。静止卫星由于离地面远，一颗卫星所发射的无线电波束就可以将地球表面40％的地域覆盖。根据这样一个道理，我们不难想象，利用等间隔分布的三颗通信卫星，就可以实现全球通信了。卫星离地面越远，为了进行通信，要求卫星所具有的发射功率也越大，相应地，对地面接收设备的技术要求也越高。显然，这不利于迅速进入全球个人通信时代。因此，后来提出了多种低轨道卫星通信系统计划。低轨道通信卫星离地球近，不仅可使发送和接收设备都大大简化，适合于发展个人移动通信，而且也可减小回音影响，使通话更加自然、清晰。

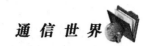

卫星通信是怎样进行的

卫星通信是利用通信卫星作为中继站，使地面上两个或多个地球站之间或移动体之间建立起无线电联系的一种通信方式。由于它使用的是微波波段，因此是微波中继通信的一种特殊方式。

一个卫星通信系统，主要包括三大部分：地球站、通信卫星和卫星监控系统。

地球站建在地球上的不同地点，它们担负着对卫星发送和接收无线电信号的任务。地球站由天线、收发信设备与地面通信网的接口设备，以及通信监控设备所组成。后者对卫星电路及装置的动作实行监控。

通信卫星把由地球站送来的无线电波接收下来并进行放大，然后转发给别的地球站，起"接力站"的作用。

卫星监控系统是为了确保通信卫星运转轨道、姿态和设备运行状况的正常，对通信卫星实行监视和控制的系统。因为在通信卫星运转的过程中，受地球形状以及太阳、月球引力的影响，通信卫星有可能会偏离正常的位置，卫星上原来指向地球的天线也可能会发生方向偏移，因此需要通过这个系统随时对它进行监视和调整。

卫星通信有很多优点，主要是：①它

的覆盖范围大，便于建立远距离通信。特别是对于地理环境恶劣、人口稀少的边远地区，这种通信方式就更显优越性了。②能够实现同文通信，即可将相同的信息同时发送给很多不同地方的地球站。③地球站的建设相对比较容易。④抗灾能力强，不像地面线路那样易受水灾、地震等的破坏。

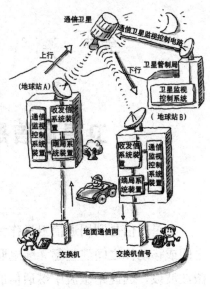

卫星通信接续图

卫星通信也不是完美无缺的。譬如，我们在打由卫星接续的国际电话时就会发现，由于卫星信号的传送有明显的时延，听起来不太自然。这是由于卫星离地面较远，一个来回就是 72000 千米，而电波的传播速度虽快（300000 千米/秒），走这么长的路程也得要 0.24 秒，也就是说，你讲的话，即使对方立即回答，也要等 0.24 秒钟后才能听到。另外，卫星通信电路与光缆、同轴电缆不同，它是利用空间传播的，因此难免受到降雨等自然条件的影响，使电波衰减。

21 世纪，是"全球个人通信"的时代。卫星通信扮演一个举足轻重的角色而更显风采。

世界邮政日

1874 年 10 月 9 日，是万国邮政联盟创立日。1969 年，在东京召开的第 16 届万国邮联大会上，决定将 10 月 9 日定为"万国邮联日"，1984 年更名为"世界邮政日"。

从 1981 年起，每年的"世界邮政日"都有一个宣传主题；1988 年起改为每 3 年选定一个宣传主题。

全球卫星定位系统

在美国的"星球大战"计划中,有一个重要的组成部分,那就是全球卫星定位系统,简称 GPS。这是 1973 年最先由美国军方为海、陆、空军提供的全球、全天候、连续、实时的高精度导航系统。由于种种原因,这个系统从提出设想到正式完成,整整经历了 20 个年头,至 1993 年才被正式启用。

GPS 由空间段、地面段和用户段三部分组成。空间段共有 24 颗卫星(其中的 21 颗为工作卫星,3 颗为备用卫星),分布在离地面高度为 20000 千米以上的 6 个圆形轨道上。每颗卫星上都装有精度极高(每 30 万年误差 1 秒)的原子钟。地面段由 1 个主控站、5 个地面监控站和 3 个上行数据发射站组成。它所起的作用是保证卫星时钟计时的准确,并完成导航数据的计算。用户段由天线、GPS 接收机、数据处理器和控制、显示部分组成。不管 GPS 接收机处在地球上的任何位置,也不管在任何时刻,它都能同时接收到 4~6 颗卫星发来的导航信号;经过数据处理后,便能精确地确定用户所在的三维位置(包括经度、纬度和海拔高度),并显示在接收器的液晶显示屏上。用户根据所显示的数据,便能自我定位导航。

1991 年年初,在 GPS 正式启用前,它便在海湾战争中发挥了重要作用,被士兵们称为是"茫茫沙漠中的明灯"。以往,世界上每年失事的飞机、车辆和船只不计其数,采用全球卫星定位导航系统后,可以周

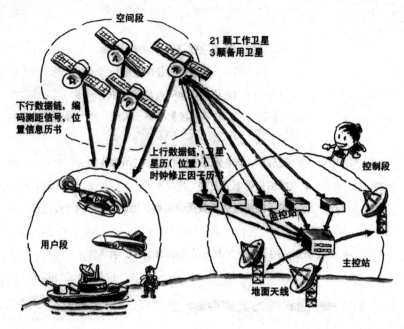

GPS 系统的组成

密指挥，使安全系数提高，航程缩短。据报道，美国将 GPS 用于指挥越洋油轮，一次航行便可节省数百万美元；用于商船导航，每年一艘船可节省数千万美元。若将 GPS 用于铁路系统，就可使两列车的时间间隔由现在的 8 分钟～9 分钟缩短到 3 分钟，使铁路运载能力提高 1 倍。公安部门利用 GPS 系统，就可能使追踪逃犯的警方人员的行踪清晰地显示在一张"电子地图"上。据此，他便可及时得到总部的支援。现在，一些国家的汽车里已开始安装 GPS 信号接收器和发送器。当汽车失窃时，GPS 就会向警方提供失窃车辆所在位置的信息。启动遥控引擎，还可使被盗车辆停止行驶。

1996 年，新闻媒介纷纷报道车臣前领导人杜达耶夫之死，认为他是死于高科技，是他的无线电话引来了导弹，酿成了杀身之祸。虽然，对于无线电话的电波如何引来导弹，未见细节报道，但很多人都认为，这里有 GPS 的影子，因为如此精确之定位，非 GPS 莫属。有关这一事

态的报道，使 GPS 一时间声名大振。

1999 年 3 月北约空袭南联盟，在大规模空袭行动中，使用的"战斧"式巡航导弹都装备了 GPS 中段制导设备。一架被南联盟击落的 F—117A 身战斗机的飞行员，由于携带了配有 GPS 接收机的无线电话，马上精确报告了他所在的位置，从而迅速获救。

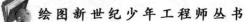

告别 SOS

　　1906 年，SOS 被确定为国际统一的遇险呼救信号。从那时起，这个由莫尔斯电报所发出的 "… ———— …" 的电码，一直被视为是海上航行者的保护神。船只在航行中遇险时，船上的报务员便拍发 SOS 信号，向邻近海域或岸上求援。近一个世纪以来，SOS 真可谓战功卓著，名震寰宇。它不知拯救了多少人的生命，挽回了多大的经济损失！

　　可是，SOS 毕竟 "年事已高"，有点跟不上时代了。它所依靠的通信工具——莫尔斯电报机，已在众多新秀面前显得老态龙钟、耳目不灵了。它所发出的呼救信息所及范围只有 100 海里，越来越不能满足有效救援

的需要。因此，SOS 的退役已成为历史的必然。

20 世纪 80 年代以来，用于海上导航、救援的海事卫星通信发展了起来。由此便产生了一种崭新的"全球海上遇险与安全系统"（GMDSS），作为海上莫尔斯电报的"接班人"。

GMDSS 系统有两个主要组成部分，即全球遇险报警系统和全球卫星通信系统。一旦船舶有突发事件发生，只需按一下"遇险"按钮，"遇险报警系统"便会把事故发生时间、船的航行位置和识别标记等数

据自动地发送出去，每 4 分钟重复一次，直到确认被接收为止。一旦人员落水或船舶沉没，一种能够自浮的应急无线电示位标便会自动启动，发出导航数据；救生设备上的雷达应答器，也会对前来营救的船只或飞机上的雷达做出响应，配合救援行动。

遇险报警系统所发出的信号，被全球卫星通信系统所接收，并被迅速地传递到出事地点附近的海域与陆地。这些信号包括报警信息以及有关船舶精确定位等的数据。卫星通信系统还提供了船到岸和岸到船两个方向的通信。由于每个卫星同时可开通数百条话路和数千条报路，因此它可以同时传送语音、数据、传真等多种形式的信息。

GMDSS 系统已在 1999 年 2 月 1 日之前在全世界各航运国家全面启用。它为救援遇险船舶作出了重要贡献。由此，人们可进一步体会到，通信与人类安全的关系是何等密切！

天外转播站——电视
广播卫星

　　人造卫星的上天，为在高空建立电视转播站开辟了道路。早在1962年7月，美国便利用它发射的"电星－1"号通信卫星，首次进行了跨越大西洋的电视转播。1963年11月23日，"中继－1"号卫星进行了日美之间的第一次电视转播。就在这次转播前的两小时，发生了震惊世界的美国总统肯尼迪遇刺事件。这次转播及时地播送了这条新闻，使人们对卫星电视转播的优越性深信不疑，并留下了深刻的印象。接着，有关方面又一次次地通过卫星转播了奥运会、世界杯足球赛以及电影奥斯卡奖颁奖仪式等的实况，从而使人们对卫星电视转播的实用价值有了更深刻的认识。

电视转播车

　　一般的通信卫星虽然能担负转播电视节目的任务，但毕竟由于它的发射功率太小，要接收由它转播的电视必须用大口径的天线和复

杂、昂贵的接收设备，这些条件都不是一般家庭所具备的。要真正实现由卫星直接向千家万户转播电视节目，还得靠专门为此而发射的电视广播卫星。

世界上第一颗电视广播卫星是"百合2号"。它是1984年1月23日由日本发射成功的。在此后十多年间，美、德、英、法等国也都相继发射了自己的电视广播卫星。现在我们打开电视机便可以发现，我国不少省市电视台的节目都上了卫星（包括通信卫星和广播卫星）。人们亲切地称它为卫星电视台"，或简称"卫视台"。

卫星电视广播系统主要由主发射站和控制站、电视广播卫星以及家庭卫星电视接收设备等组成。主发射站的主要任务是把地面电视中心的节目发送给电视广播卫星，同时接收电视广播卫星转发来的广播电视信号，以监视节目的质量。主发射站可以是固定的，也可以是移动的。例如，在进行现场实况转播时，一般都使用移动的主发射站。

控制站一般都与主发射站设在一起，它的任务主要是控制卫星在轨

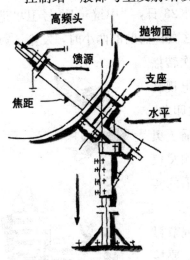

高频头
抛物面
馈源
支座
焦距
水平

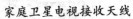

家庭卫星电视接收天线

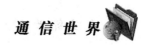

道上的位置及其工作状态，使转播工作正常进行。

电视广播卫星位于赤道上空 36000 千米的地球同步轨道上。它上面的转发器把来自主发射站的电视信号（称上行信号）经变换频率和放大后，再由定向天线向地面发射（称下行信号）。

家庭卫星电视接收站由放在室外的抛物面天线和放在室内的接收机所组成。由于广播卫星的发射功率比较大，使得用口径在 1 米以内的抛物面天线便能接收。口径 0.5 米～0.6 米的接收天线也已出现。

卫星电视广播不仅可以使人们能通过荧屏收看到更多频道的电视节目，而且还大大改善了电视图像的质量。特别是对于那些因地理条件限制，收看地面广播电视节目有困难的地区，卫星电视广播给他们带来了福音。现在，他们不仅可以收看到娱乐节目，还能通过电视接受最好的教育和多种技能的培训。

如同三颗等间隔分布的通信卫星可以实现全球通信一样，依靠等间隔分布在太平洋、大西洋和印度洋上空的电视广播卫星，便可以实现全球范围内的电视转播。

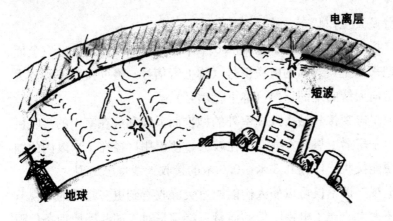

短波通信东山再起

　　在无线电波的家族里，有众多的成员。以波的长短排序，我们将它们分别起名为长波、短波、超短波和微波。学过物理的人都知道，波长是频率的倒数。电波的波长越长，它的频率也就越低。短波是波长在10米到100米之间的无线电波；它的频率是在30兆赫到3兆赫之间。

　　在很长一段时间里，人们认为短波是没有多大实用价值的。因为它频率高，沿地表面传不到数十千米便衰减殆尽了。但在一次偶然的火灾事故里，人们却意外地发现，短波竟然是远距离传递信息的能手。有一次，意大利罗马城郊发生了一场大火，一个业余无线电爱好者的短波无线电台为此发出了求救信号，原指望附近地区的消防队员能闻讯赶来，但没有想到，这个信号却被远在千里之外的哥本哈根收到了。这在当时被认为是十分荒唐、离奇的消息，但却是千真万确的事实。

　　后来，经过物理学家的精心研究，终于揭开了短波远传千里之谜。原来，千里之外收到的短波无线电信号并不是沿地球表面传播的，而是通过高空电离层与地面之间的多次反射才传到远处的,其情景有点类似于三级跳远。电离层位于离地球表面200千米~400千米的高空。它有反射无线电波的功能。频率越高,能量被电离层吸收得越少,反射效果也就越好。因此,用作远距离通信时,一般选用频率高一些的短波。

短波通信由于通信距离远,设备简单,而且使用起来方便、灵活,曾一度成为国际通信的重要手段,而且广泛应用于船舶、飞机等移动体之间的通信、军事通信、边远地区通信,以及国际广播等领域中。我国在1984年~1985年间组织的首次南极考察中,也是靠短波通信来实现南极长城站与首都北京之间的通信的。

短波通信也有一些致命的弱点。这主要是由于电离层易受昼夜、季节和太阳活动的影响,以致使短波通信在稳定性和可靠性上都存在一些问题。因而,后来随着卫星通信的出现,短波通信便开始走下坡路了,甚至有人认为它已完成了历史使命。

但是,科学家们却仍然锲而不舍、孜孜以求。他们从研究电离层的

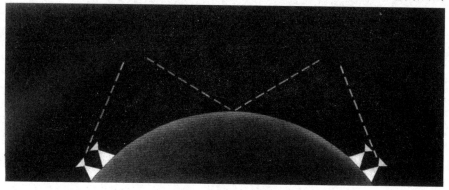

短波传播路径示意图

变化规律入手，提出了自适应技术、盲区补救技术等一系列技术措施，使短波通信的固有缺点得到了很大程度的克服。特别是当他们发现，卫星通信存在技术复杂、设备庞大、机动性差，以及卫星易被摧毁等不利于在未来战争中应用的弱点后，便更加移情于短波通信。

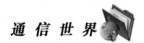

流星余迹通信

流星是人们所熟悉的一种自然现象，当宇宙空间的细小物体或尘埃飞经地球大气层时，便与大气摩擦而发出光和热。如果这种现象发生在夜晚，我们在地面上便会看到一条条清晰的光迹。这就是流星体所经过的轨迹。

127

就是这样一种转瞬即逝的天体现象，也没有在细心的科学家面前悄然溜过。他们发现，流星掠过空中所发出的大量光和热，会使周围的气体电离，很快便扩散形成以流星轨迹为中心的柱状电离云。这就是所谓的"流星余迹"。这种电离云具有反射无线电波的特性。于是，人们便设想把载有某种信息的无线电波对准流星余迹发射，通过它的反射，为远在千里之外的别的接收站所接收。这就是利用流星余迹进行通信的最基本的设想。

可能有人会想，流星不常见到，而且一闪而过，用它来通信靠得住吗？其实，在宇宙空间，每小时都有数以亿计的流星掠过大气层，只不过是，其中很多不为我 们肉眼所察觉罢了。当然，流星转瞬即逝的特征，也必然会给通信的连续性带来一定的麻烦。它不大适合于用在像电话那样的连续实时通信上。针对流星转瞬即逝的特点，在发射设备中加装了"发送消周存储器"，存储经计算机处理过的信息。在流星余迹出现时，这些消息便一份一份地被发送出去。在接收方也加装了"接收消息存储器"。它的任务是把断断续续收到的信息先储存起来，然后把它变换成连续信息再送到接收者的手中。

流星余迹通信的通信距离可达 2000 千米。它比起短波通信来，受太阳黑子和核爆炸的影响较小，因此很受军人士的青睐。他们认为，在未来战争中，人造通信卫星将成为主要的袭击目标。在卫星通信系统遭

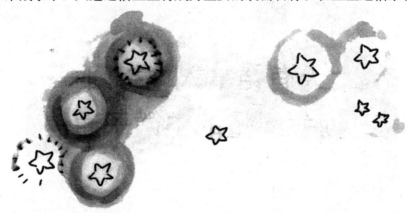

破坏后，流星余迹通信便是一种理想的应急通信手段了。流星余迹通信也特别适合于恶劣环境下的气象通信。

流星的作用就相当于一个"天然卫星"。但是它不像卫星通信那样需要昂贵的发射费用，也不存在维修和保养的问题。因此，建立一个流星余迹通信系统，其费用只有建立承担同样任务的卫星通信系统的十分之一。而且，它的保密性也很好。目前，英、美等国的研究人员正在建设一个覆盖西欧和部分东欧国家的流星通信网，探讨最终以流星通信代替卫星通信的可能性。

上天有路，入地有门——前程无量的中微子通信

1933 年，著名的奥地利物理学家沃夫根·泡利在研究原子核反应中，发现一些能量神秘丢失。于是，经过研究，他提出了"中微子"假说。第二次世界大战的爆发，使他的这项研究中断了。直到 1956 年，人们终于通过实验证明了中微子的存在，核衰变过程中能量丢失之谜也就真相大白了。

实际上，中微子也与质子、电子一样，是构成原子的基本粒子之一。只不过它的质量很轻，连电子的万分之一都抵不上，而且呈中性，与其他粒子之间只存在微弱的相互作用力，而不存在电磁力的作用。中微子还具有其他基本粒子所不具备的那股"钻"劲。它可以像《封神榜》中的土行孙那样，神不知、鬼不觉地钻入地下；连地球也不在话下，它可以把地球穿个透。由于中微子与其他组成物质的基本粒子之间相互作用力很弱，因而它在"行进"过程中的能量损耗也甚微。如

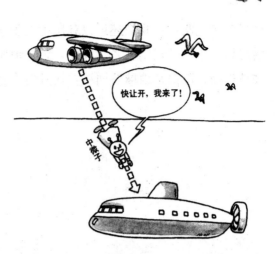

果设想让它沿地球直径穿越地球，其能量损耗只有一百亿分之一。此外，它还能潜身海底，遨游太空，出入于厚硕无比的金属墙，真是所向披靡，如入无人之境。

中微子的上述特性被揭示后，立即引起了通信专家们的注意。他们认为，利用中微子进行通信比利用电磁波更加优越。因为，在高山、海洋的阻拦面前，电磁波便会显得软弱无力，而中微子毫不在乎。目前，尚存在一些因受自然条件影响，无线电不能"光顾"的地区。这些听不到广播、看不到电视节目的地区，通称为"盲区"。中微子通信的实用化，将会给这些地区带来福音。

将中微子应用于通信，也像其他通信方式一样，是将中微子作为信息的载体。我们所要传送的语音、图像、数据等一类信息，都要通过一种叫"调制"的技术，将它们"驮载"在中微子束上。藉中微子那种所向无阻的威力，把信息传送到目的地。然后再用一种叫"解调"的技术，把信息从中微子束中分离出来，还其本来面目。从这一点上讲，似乎中微子通信在原理上与其他通信方式没有两样。但要让中微子通信投入实际应用，仍然有许多有待进一步解决的问题，例如，如何用较简便的方法获得一个能量极高而又有足够束流强度的中微子束；如何对它进行有效的探测和放大等。

中微子束沿直线传播，不会发生反射、折射和散射等现象，因而保密性能好。

利用中微子能够穿透地球的本领，将为南北半球之间的通信找到一条"捷径"；它还可以作为人类的"信使"，遨游太空，与宇宙飞船或别的星球建立联系；我们还可以利用中微子通信轻而易举地与设在山洞或潜艇里的指挥所建立联系。除此之外，地质学家还设想用中微子波束给地球拍照，以揭开地球的面纱，让其地下宝藏一览无遗。

导弹捕捉目标

向前方发射金属箔片弹

导弹瞄准金属箔片

导弹飞入金属箔片云爆炸

用金属片引诱敌方导弹的方法

神奇的电子战

电子战，被人们认为是继陆、海、空战之后出现的"第四维战争"。早在 1914 年爆发的第一次世界大战中，它已经崭露头角；第二次世界大战中，它更是大显身手，以至被当时的英国首相丘吉尔称为"魔法战争"。第二次世界大战后的这些年间，由于不断得到高新科技的武装，电子战更达到了炉火纯青、出神入化的程度。

电子战又叫电子对抗，是指战争的敌对双方所进行的电磁斗争。它主要有三种方法：侦察与反侦察、干扰与反干扰、摧毁与反摧毁。所有这一切，都是在兵不见血刃的情况下静悄悄地进行的。电子战以电磁波为"武器"，所打击的目标不是敌方的有生力量，而是敌方的通信、雷达等电子设备。其目的是使敌方的通信中断、雷达迷盲、兵器失控、指挥瘫痪。

电子侦察是用装载精密电子设备的侦察卫星群、侦察飞机和进攻性武器中的侦察装置来探明敌方电子系统的情况，搜集军事情报。例如，

当对方发射导弹时，侦察
卫星中的红外线探测器能
在几十秒钟的时间里探测
到导弹的行踪。这一信息
立即被送到地面雷达网，
于是雷达网便开始对导弹
进行跟踪，同时将有关信

电子战争

息送到指挥中心的计算机里去；计算机很快便分析出导弹的飞行方向，
并指挥己方的导弹予以拦截。这一切，都在几分钟内便可完成。

　　电子干扰就是通过电子手段来扰乱敌方电子设备的正常工作。这里
所说的电子手段是指有意识地发射或反射某种电磁波，使对方的电子设
备产生"错觉"或无法正常工作。根据干扰对象的不同，电子干扰可分
为通信干扰、雷达干扰、制导武器干扰和指挥系统干扰等。例如，利用
金属物能够反射无线电波这一性质，作战中常常由飞机像天女散花一样
向空中投放金属带或金属箔，使雷达迷盲，难辨真伪。有干扰，必有反
干扰。反干扰的目的是尽一
切努力削弱以至消除敌方干
扰给己方带来的不利影响。
其手段也是多种多样的。在
现代战争中，干扰与反干扰
真是"道高一尺，魔高一
丈"，互不相让。

　　"摧毁"是一种硬杀伤
手段。它是在电子侦察的配
合下，通过电子摧毁或火力
摧毁手段，使敌方重要的电
子设备或系统永久失效或彻
底破坏。在这方面，除了使

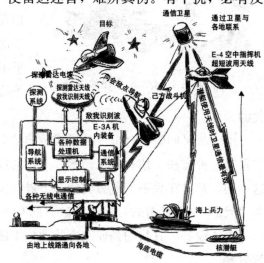

E－3、E－4飞机全球警告指挥控制系统
图解

用爆炸性武器，还大量使用电磁能武器（如高能激光器、微波武器）和电子计算机病毒等。反摧毁的手段也很多，例如，就通信而言，常常是同时运用多种通信手段，实现多径传输，使得一个系统受到破坏时，能有其他系统可以代替或迂回。

在现代电子战争中，保持通信机密至关重要。因此交战双方往往还要在通信保密措施上决雌雄，见高低。对语音模拟信号进行数字化处理，然后再改变发信顺序，是经常采用的一种加密措施。为了防止对方破译，不仅密码需要经常变换，在加密方法上也是越来越奥妙了。

资料检索

传送数据的通信

数据通信是随着计算机的诞生和广泛应用而发展起来的一种新的通信方式。简单地说，它是在人和计算机或计算机与计算机之间建立起来的通信。它与传统的电报、电话通信的不同之处，首先在于所传送的信息形式不同。电报传送的是符号，电话传送的是声音，而数据通信所传送的却是能够为计算机所识别的数据。另外，电报和电话通信都是在人与人之间进行的，而数据通信却是在人与计算机或计算机与计算机之间进行的。由于有计算机的介入，数据通信不仅具有传输信息的能力，还具有处理信息的功能。正由于这个原因，数据通信又称做"远程数据处理"。

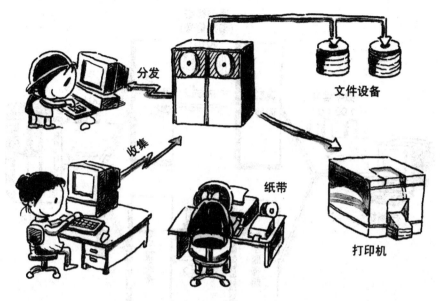

分发

文件设备

收集

纸带

打印机

数据的收集和分发

　　数据通信所负担的任务是把各处所发生的信息通过通信线路送入远端的计算机进行处理，然后再把处理的结果经通信线路送到指定的场所。所以概括地说，它的基本任务便是传输数据和处理数据。

　　要完成上面讲的这两项任务，一个数据通信系统至少要包括以下四个主要组成部分，即终端设备、数据传输线路、通信控制设备和计算机。终端设备是输入或输出数据的"窗口"，也是人与数据通信系统的"交接点"。例如，我们想要让远地的计算机完成某项科学计算，就可以通过上述终端设备输入必要的程序和数据，然后通过数据传输线路送给远端的计算机；计算机迅速完成运算，并将计算结果经上述同样的路径送回给终端设备，打印或显示出来。数据传输线路是进行数据传输的通道，它可以是电缆、光纤等有线线路，也可以是以无线电波为媒介的无线线路。计算机是数据通信的重要组成部分，它以非常高的速度完成数据处理任务。与计算机的神速相比，终端设备的输入速度和传输线路的传输速度就显得十分缓慢了。因而，一台计算机实际上可以应付许多台

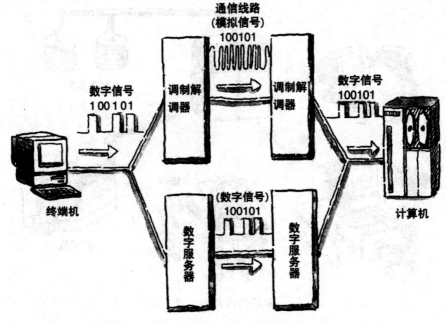

数据通信的过程

终端机。两者之间的配合靠通信控制设备来完成。

　　有了数据通信系统，一台计算机便可以连接许多台终端设备，使计算机的处理能力得到充分发挥。目前，用于银行窗口业务和民航座席预约业务的数据通信系统，便是其应用实例。

　　数据通信的应用，除了上面提到的银行汇兑、铁路和民航的座席预约，还有销售管理、资料检索、信息查询等。当今风靡一时的无纸贸易、电子信箱等项业务，也都属于数据通信的范畴。可见，数据通信有着十分广阔的应用前景。

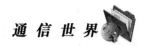

分组通信

什么是分组通信呢？它是数据通信的一种新业务，是把所要传送的信息先"切割"成一定大小的数据块，然后对每一个数据块都加上一个"头"和"尾"（其内容包括"地址"和纠错信息等），再传送出去。这

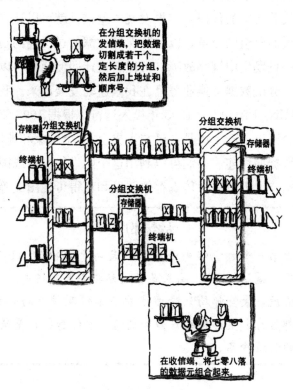

在分组交换机的发信端，把数据切割成若干个一定长度的分组，然后加上地址和顺序号。

在收信端，将七零八落的数据元组合起来。

一个个小的数据块，叫做"分组"，或称为"包"。

把信息分成"组"传送有什么好处呢？

第一，它能提高通信效率。在一般的通信方式中，两个建立联系的通信终端之间是靠固定电路连接起来的，因此，在一条电路上，一个终端不能与多个终端并行通信，而分组通信却不同。由于每个分组前头都附加了地址信息，因而同在一条电路上可以并行传送到达多个不同终端的信息。显然，这样做能提高电路的利用率，是比较经济的。

第二，它能够实现不同速度终端间的通信。这是由于一方以某种速度发送的信息，可以先储存在交换机里，然后再以适合于对方终端的另一种速度发送出去。这也是一般通信方式所办不到的。

第三，它可以依靠差错控制和顺序控制，建立准确可靠的数据传输。这是由于在分组通信中，每个分组的前头和后头，都附加了表示顺序的号码和校验差错的代码。如果发现了差错，就可以让发送端重发一次有接收错误的分组的信息，以达到保证数据传送准确的目的。

第四，一旦发生中继线故障，可以通过迂回使通信得以继续。

近几年，分组数据交换业务已在我国蓬勃发展起来。我国的公用分组交换网 CHINAPAC 已于 1993 年投入运行。根据 1995 年的报道，这个网已通达全国近 700 个市县，已与世界上 23 个国家和地区的 41 个公用分组交换数据网相连。人们可以利用这个网进行国内或国际的数据交换、数据检索、无纸贸易、传真存储转发和获得可视图文等服务。

太空邮局

世界上第一个太空邮局是苏联航天局于 1988 年 11 月 26 日建立的"和平轨道站邮局"。局长是轨道站指令长季托夫。

开始阶段，太空邮局只受理宇航员家信及航天局的特别邮件。这些邮件都盖有太空邮局的日戳和别的一些纪念戳，是集邮爱好者不可多得的收藏珍品。

称心的电话秘书——语音信箱

当我们写好信后，一般都把它投进信箱寄出去；信到对方邮局后，可能是由邮递员直接送给收信人，也可能经对方的专用信箱再到收信人手中。这里的"信箱"，在信的传递过程中起着"中介"的作用。

在我们打电话时，由于对方不在，接不通电话的事是常有的。不知你是否想过，如果有一种类似邮政信箱的"语音信箱"，能够暂时把你要讲给对方听的话储存起来，等到对方回来后再传给他，这岂不方便吗？20 世纪 90 年代，由于计算机语音处理技术在通信领域的应用，语音信箱走进了人们的生活。当

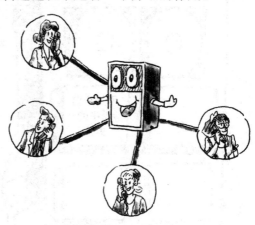

语音信箱能将同一通知内容分别传送给多个用户

时有人曾预言，在 BP 机热过之后，将会有一个语音信箱热。

语音信箱实际上是一个存储器，它设置在程控电话交换机之中。当你拨叫对方电话未通时，可以先拨一个密码，用来启动语音信箱系统。接着，系统便会以语音指导你一步步进行操作。你要讲的话通过语音频带压缩技术被处理成数字信号，然后存放在对方语音信箱的信息包中。对方用户回来后，根据电话机上的显示知道自己的语音信箱中有留言，便可以通过电话机向程控交换机输送一个专用密码。这个密码就好比一把钥匙，它能开启自己租用的语音信箱，提取主叫人存在那里的信息。在外地出差的电话用户，也可以通过长途电话电路向交换机发送只有他自己才知道的密码，以打开自己的语音信箱，从中提取信息。

如果你要向很多人通知同一件事情，那么你可以把通知的内容和被通知用户的电话号码一并输入语音信箱系统。这样，语音信箱就会把该通知的内容分别传送给你所指定的各被叫用户。

　　可能有人会问：语音信箱安全可靠吗？这不用担心。因为信箱的主人可以自选密码。密码的位数从 4 位到 15 位，还可以随时更换，因而具有很强的保密性。

　　语音信箱是一个好"秘书"，它能帮助你收集来自方方面面的汇报；语音信箱是一个好"推销员"，它会不知疲倦地为工商企业推销商品；外地机构租用了某地的语音信箱，就像在该地开设了一个办事处……总之，语音信箱从多方面地为人们提供越来越多的服务。

真神奇

电子信箱

　　一封普通的信，从写信到投入信箱，再经过车载船运到达目的地，还要由邮递员分拣、投递，才能到达收信人手里。不仅手续繁多，而且要耗费很多时间。这种状况，已经越来越不能适应信息社会的需要了。于是，便有人提出"电子信箱"这一全新的概念。"电子信箱"是通信与计算机"联姻"的产物。电子信箱系统的核心是一台大容量电子计算机（称为主机）。在这个计算机的存储器里，为每个用户划定了一个存储区，供用户存储"信函"用。这就是所谓的"电子信箱"。每个信箱都有一个特定的信箱号码。当然，电子信箱里能够储存的信函不是普通写在纸面上的信件，而是电子信函。电子信箱用户的家中装有微型计算机、电传机、传真机或用户电报终端机等终端设备，通过分组交换数据网、电话交换网或用户电报交换网等与主机相连接，这便构成了电子信箱系统。

　　如果你要给某电子信箱用户"发信"，只要操纵你身边微型计算机的键盘，输入对方的和自己的信箱号码，待计算机确认后，便可将"信"的内容输入进去。收信人得知自己的信箱中有"信"后，可输入密码，从自己的"信箱"中把信取走，显示在自己的微型计算机的屏幕上。可以说，从信的起草、编辑、传递、收取直至阅读，整个过程都实现了电子化。难怪有人说，这是一种"以键代笔、以屏代纸、以电代邮"的新型通信工具。

电子信箱业务不仅使"信"的投寄速度大大加快，达到了"万里之遥，瞬息可达"的程度，而且也从根本上改变了时空对人们获取信息的限制。不管你走到何地，也不管在什么时间，你都可以从你的电子信箱里及时获取信息。不仅是寄给你的"信"，还包括其他种种有用的信息。电子信箱系统除了有收信、发信功能，还能将信存档作永久保存，或保存一段时间后自动删除。另外，还可在收到的"信"上"写"上自己的意见，再转发给别的用户。

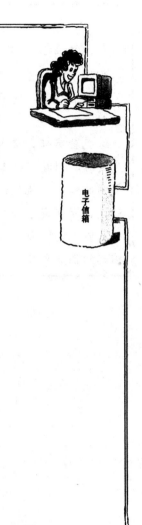

电子信箱

电子信箱的优越性已在越来越多的方面显露出来。在海湾战争期间，美国为派往海湾地区的士兵提供了电子信箱服务，结果使原来需要几个星期才能寄达的家书，在瞬息之间便能显示在家人的荧光屏上；1993 年 6 月 1 日，美国总统克林顿和副总统戈尔还联名给美国国民写了一封公开信，表示白宫将设电子信箱，接受他们发来的电子信函，并将处理结果告诉发信人。

在我国，截至 1994 年底，已有电子信箱用户 2300 多个。通过中国公用电子信箱系统还可以与国外有协议国家的电子信箱用户互通函件。

寄语 5000 年后的人们

1938 年，大名鼎鼎的科学家爱因斯坦给生活在 5000 年以后的人们写了一封信，告诉他们 5000 年前的世界是什么样的。这封信被密封后埋在纽约市东北部某个地方的地下，留待 5000 年后的人启封。

无独有偶，日本人也在大阪城广场地下 15 米处埋下当代人使用的各种科技产品和生活用品，以此向 5000 年以后的人传达现代文明的信息。他们还在地上立下碑文，记载采取这一行动的目的、时间，还规定了 5000 年后启封的具体时间。

以上两件事虽多出于奇思异想，但也反映了人们超越时空传递信息的强烈愿望。

指尖上的世界——可视图文系统

信息对于人类社会、经济以及日常生活的重要性，已经是老幼皆知的了。早上起来，见天气阴沉，为了决定带不带伞，需要了解一下天气预报。想购买物品，又没有时间去商场，便希望有人能把有关商品的式样、品种和价格等情况告诉你；一旦决定选购对象后，你又多么希望能"送货上门"。在你需要外出旅游时，一定希望尽量少让订票、找旅馆、

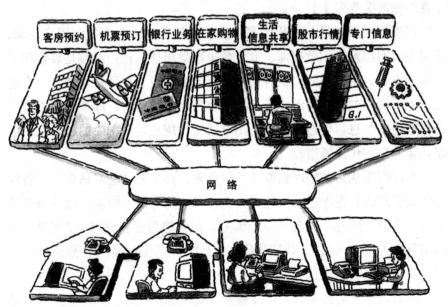

可视图文系统的应用

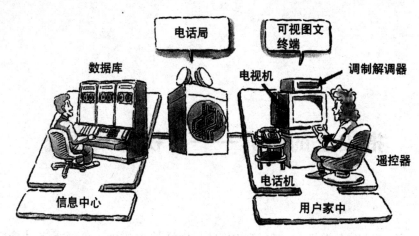

可视图文系统

问路一类事情占去你宝贵的时间……在信息时代，所有这些事，都可以足不出户，靠一种叫"可视图文系统"的通信工具来完成。你只要动动指尖（操作键盘），便可使你所要了解的外部世界的信息尽收眼底，显示在眼前的荧光屏上。

可视图文系统是一种开放式的信息服务系统，它主要由用户终端、公用电话网以及公用数据库、专业数据库等组成。用户终端是装在用户家中的设备，有专用的，也有利用原有的电视机、电话机，加上一个遥控器、一部调制解调器组成的。各种数据库是信息源，那里储存着各种各样有用的信息，任你调用。公用电话网为用户与数据库的连接提供电路，是信息的传递通道。

当你需要从某数据库获取某项信息时，首先要通过电话拨号，将你的终端机与该数据库连通。这时，在你眼前的屏幕上便会出现一份"菜单"，"菜单"的每一项都有一个编号，供你进行遥控选择。"菜单"上的项目分类由粗到细，你可按照系统的"引导"逐步缩小信息范围，直到查到你所需要的信息为止。

譬如，你想买件童装，可拨通某大商场的数据库。此时荧光屏上出现：1. 百货，2. 服装，3. 五金……这时，你只要按一下遥控器上的数字键"2"，荧光屏上便出现：1. 女装，2. 男装，3. 童装……这时你可按一下遥控器上的"3"。当然童装还可以细分。逐步缩小信息范围的方法是一样的，这里就不细说了。被你初步选中的服装的尺寸、色彩、式样都会通过屏幕显示出来，直到你满意为止。新的可视图文系统还具有这样的功能，即当你在系统的引导下，输入你的体型数据时，系统还可以从各个角度显示服装在你身上的穿着效果。另外，你还可以通过该系统办理购货手续，由商场直接送货上门。

可视图文所提供的信息服务，与大家所熟悉的 160、168 声讯服务系统相比，具有可视性、交互性和实时性等特点。这些特点在上面举的例子中都得到了体现。

可视图文系统已在我国的上海、广州、大连、重庆、北京等大中城市先后开通。目前多以检索性业务为主。可以预计，在金融、商业、新闻、教育、交通、旅游等领域，可视图文都有着潜在的需求和广泛的应用前景。

风靡全球的无纸贸易

联合国在一次调查中发现，每进行一次进出口贸易，贸易双方需要交换的文件、表格就接近 200 份；全世界每年用于贸易活动的文件数以亿计。这不仅要消耗大量纸张，而且费时、费力，还会引入差错。因此，如何改变这种"埋在纸堆里"的贸易方式，提高做生意的效率，一直成为人们所关注的问题。

由于计算机和通信技术的飞速发展，一项 20 世纪 60 年代在西欧和北美初露头角的电子数据互换（EDI）技术逐步得到完善。它的引入，使贸易、运输、金融、保险以至商品销售等领域都发生了重大的结构性变革。在贸易领域，昔日大量文件往返不见了，代之以看不见的、不需要人介入的计算机和计算机之间的数据交换和自动处理，使效率大大提高。与过去"埋在纸堆里"的贸易相比，我们把利用 EDI 进行的贸易活动称为"无纸贸易"。

为了使计算机能够对商业文件进行识别和自动处理，其前提条件是要将文件标准化，即用户按国际通用的标准格式编制电文，以计算机可读的方式将订单、发票、提货单、海关申报单等信息

格式化。同时，还需要按照"协议"将标准化了的文件通过通信网进行传送。对方在收到报文后，按国际统一规定的语法规则对报文自动地进行处理。整个过程都是在两台或多台计算机之间进行的，而不用印在纸上的文件，也无需有人介入。

　　EDI 的应用十分广泛。它能够为运输业的用户提供高层次的、快捷的服务，并使运输设备、仓位得到充分利用。对于制造业和零售业来说，EDI 使订单能以最快的速度被接收、处理和传输，使工作效率大大提高。例如，美国通用汽车公司采用 EDI 后，每辆汽车的成本可减少 250 美元。对于金融、保险系统来说，EDI 的采用可缩短转帐所需的时间，加快了资金的流通。对于外贸业来说，EDI 更显得重要，它对于争取贸易机会，提高竞争能力等都有重大的影响。

　　目前，无纸贸易已风靡全球。全世界 EDI 的用户已达数十万家。EDI 的概念引入我国的时间大约是在 1992 年初。随着各方面需求的增加和技术条件的成熟，"无纸贸易"在我国发展得很快。

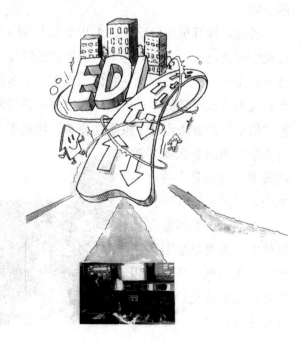

电子图书——出版业的新星

自从我国的毕升发明活字印刷以来，人类的知识、经验和科学技术成果便可以"白纸黑字"的书面形式流传下来。直到今天，我们所接触到的大部分书、报、刊，亦都是这样一种记录方式。

可是，随着信息处理技术、计算机技术和通信技术的迅速发展，出版业亦面临着一场重大的革命。电子报刊、电子图书已悄悄地进入我们的生活。

首先，计算机排版已使许多出版物告别了铅与火，从繁琐的拣字、排版中解放出来；进而，连出版的形式也都发生了根本性的变化。纸张已不再是书、报、刊的唯一载体。现在，很多信息都存储在磁带、磁盘和只读型光盘等载体上，借助计算机便可进行阅读。不仅如此，往日那种"借书"的方法也有了根本性变革。借助于现代通信技术，人们可以坐在家中调阅各大图书馆的藏书，这真是"秀才不出门，尽知天下事"了。

在上述新的信息存储媒体中，光盘是最引人注目的。在光盘介质上，用聚焦激光束能把信息高密度地进行记录。一张光盘

能贮存 3.4 亿字的内容；一张 3 英寸（7.62 厘米）的光盘能装下十部《辞海》。可见，光盘有很大的存储容量。此外，它还具有保存寿命长、工作可靠等优点。

电子图书

光盘和微型计算机相结合，便成了电子图书。电子图书阅读起来很方便，你既可以通过屏幕做系统阅读，也可操纵控制器调出其中的某部分内容来阅读。更有趣的是，电子图书可以集文字、图像和声音于一身，例如，美国软件公司出版的一本《坎普顿多功能百科全书》就是如此。当你需要查"狮子"这个词时，电脑屏幕上不仅会有对"狮子"这个词的解释和有关它的一段介绍，而且还能看到这个百兽之王徜徉于非洲草原的那种悠闲自得的神态。时而，还可听到它威震天下的吼叫。由此可见，电子图书不仅改变了传统图书的形式，也极大

地丰富了书的内涵。

电子书刊的出现也将使一向以收集、整理、存储和提供信息资料为己任的图书馆发生革命性的变化。首先，表现在收藏方式上的改变。今后，我们在图书馆看到的将不再是一排一排放满了书的书架，而是占地很小的磁带、磁盘和光盘。其次，借阅方式也将发生改变。人们坐在计算机屏幕前查阅和检索资料，不仅可查到本图书馆的资料，还可调阅别的图书馆、资料库的资料，如有必要，还可办理复印或购买等手续。

有人称未来的图书馆是"无墙图书馆"。因为，到那时，人们利用家中的电话机、电视机，外加一个装置，便可以与许多图书馆、资料库联网，在家里完成过去只有到图书馆才能办到的事。

支付方式新潮——电子货币

　　"腰缠十万贯，骑鹤下扬州。"这是古代诗人笔下富商巨贾的形象。今天，随着电子货币时代的来临，生意场中那种"腰缠万贯"的景象已不复存在了。因为，一张张轻而薄的小卡片已进入我们的生活，它们可以用来取代一大把、一大把的钞票。

　　"电话卡"是电子货币的一种最简单的形式。20世纪70年代后期，法国电话公司针对投币电话不可靠、需经常清理和容易舞弊等问题，开发了一种叫"电话卡"的电子货币。在这种电话卡的左上角有一个小心方能卡个

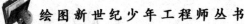

"只读存储器"，在上面记录着若干付费单位（付费单位的多少与电话卡的面值有关）。当你把预先购置的电话卡插入磁卡电话机时，话机中的阅读器便能读出卡片上剩余多少个付费单位。随着通话的进行，卡上剩余的付费单位便会一个个被销去，直到用完为止。这就是电话卡的付费方式。

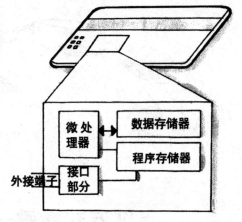

这与传统的付费方式显然是大不相同了。与电话卡相类似的，还有乘车卡、加油卡、信用卡等。

说起信用卡的来历，还有一段有趣的故事。1949 年，美国人费克兰·麦克纳马在一家餐馆用餐时，发现所带的钱不够用，便打电话让妻子从郊外赶来为他付账。这件事触发了他的灵感。他首先倡导了凭信用卡用餐的方式。而今，信用卡已风靡全球。全世界已有近两百个国家和地区的十万多家银行发行信用卡，使用信用卡的人数以亿计。携带卡片的种类太多，终究有点不便。于是，便有人设计出一种集多种功能于一身的小卡片——智能卡。在智能卡里，装有目前世界上最小的计算机，它存储着卡片主人的姓名、住址、职务、银行存款数额，甚至连他的血型、血压以及心脏情况、药物过敏情况等，也都一一记录在案。

每一枚智能卡都有一个只有卡片主人才知道的密码。用卡片付款或提取卡片中有关主人的一些重要信息时，在将卡片插入阅读器后，还需要在阅读器上输入这个密码。譬如你用卡片付款时，如输入的密码正确，与主计算机连接的阅读器便核对你的存款。当你的存款数超过你应付的货款时，显示器便出现一个表示"认可"的代码，同时从你的卡片中扣除这笔款，转入到商店的账户上。

不久，作为小额支付手段的硬币也逐渐减少，以至最后销声匿迹。因为一种叫"电子钱袋"的新玩意儿已经登场。"电子钱袋"其实也是一张带有芯片的塑料卡。它与信用卡不同的地方在于：信用卡是与持卡人的银行账户连在一起的，商店在收款时需输入密码，核对持卡人在银行的存款是否足够支付这笔钱，如足够，便把这笔钱从持卡人的户头上转移到商店的账户上；而电子钱袋本身就"存"有钱，收款者可直接从卡片上扣款。十分有趣的是，自动取款机

不仅可以取出现金，也可以把钱输入"电子钱袋"，就好像用充电器给充电电池充电一样。

德国向全国推行"电子钱袋"。这样，德国儿童床头的储蓄罐便为"电子钱袋"所取代。他们父母每周给他们的零用钱也不再是硬币，而是往"电子钱袋"输入若干马克。

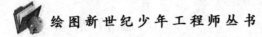

我想找东海大学张明教授。

好，我立即给你接通！

知道对方姓名就能接通电话

"聪明的"通信服务

人类的通信是靠各种各样的通信设备来完成的。设备是"死"的，又有什么聪明不聪明的呢？其实不然，"智能化"正是现代通信的一大发展趋势。智能化的通信网将为人们提供许多"聪明的"服务。

善解人意的电话 人们打电话时就可以不必再记对方的电话号码，甚至用不着拨号，只要说一声："请接民航售票处"，"我要找××大学的×××教授"便可以了。如果你同外国人通电话，你的声音会被翻译成对方能听懂的语言，用电脑合成的声音传送给对方。另外，为了防止电话被人偷听，电话信号可以变为暗号，用密码方式进行传送。如此种种，都是未来电话的"聪明"之处。

智能网的元老——"自由拨号" 日本有一种电话业务，是以"0120"四位数打头的，然后加拨与电话主管部门预先约定的 6 位号码。这 6 位号码不是对方的普通电话号码。拨这 6 位号码时，表示电话费由对方支付，而拨对方的普通电话号码时，电话费仍由发话方支付。

"自由拨号"服务

为了实现上面这样一种服务功能，除了电话交换机，还需要一个为"自由拨号"设置的专门电脑。当你拨"0120—××××××"时，由于电脑中已登记了×××

×××与对方普通电话号码的对应关系，因而可由它担任"翻译"，交换机便可根据翻译出来的号码进行接续。通话完毕，电脑还能根据交换机传来的信息向收话方结算电话费。

拨号 Q^2 服务 这是日本在 1989 年 7 月开始投入应用的一种通过电话从信息中心索取资料的服务。当你拨通以"0990"打头的十位数字时，受话器里便会传来："本服务的通信费和资料费为每×秒钟××元。"接着，你就听到有偿播出的资料。同"自由拨号"服务一样，这项服务也需要专用电脑帮忙。电脑不仅负责将后 6 位号码翻译成对方的实际电话号码，还负责告诉交换机按哪一级标准收取资料费等。

拨号 Q^2 服务

聪明的"网络" 前面几种服务比起以往的服务来已经够聪明的了，但毕竟还需要设立一个个专门的电脑做帮手。未来的通信网就更聪明了。它不像现在的交换机那样，要想实现新的通信服务就得变更它的程序。真正的智能网有一个通用的"基片"，要启用一项新服务只需通过一个叫"服务控制点"（SPC）的电脑来发号施令就可以了。在"服务控制点"里不仅存有电话号码等数据资料，还存储有关服务种类、接续方式等资料。只要"服务控制点"定义了一个"服务逻辑程序"，便可以实现一项新的服务。所以，即使你不了解复杂交换机的工作情况，只要写出表示服务内容的 SPC 程序，便可以轻而易举地在短时间内实现新的服务。

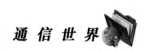

多媒体时代的骄子——视频点播

20世纪八九十年代，一些发达国家就宣布，在20世纪末或21世纪初，它们将进入一个多媒体时代。多媒体时代到底会给人们带来些什么呢？美国的《华盛顿邮报》列举了具有典型多媒体特征的七项服务：视频点播、交互式游戏、在家购物、多媒体电视会议、多媒体信息服务、远地服务和远程医疗。其中，最有吸引力的，恐怕要算是"视频点播"了。

所谓视频点播，就是让人们坐在自己家里通过操纵遥控器，点播自己想要看的电影或电视节目。这不仅改变了当时电影、电视节目只能在有限的频道中选取的状况，变被动为主动，而且，也使人们摆脱了时间的束缚，想什么时间看，就什么时间看；需要在什么时候暂停一下或接着看都悉听尊便。一句话，它使人们在获取影视信息方面得到了更大的自由度。

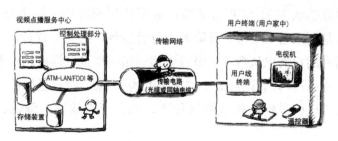

视频点播系统构成图

　　要实现按用户所需实时地点播影视节目，首先必须要有一个容量很大的、能储存许多影视节目的数字图像存储器，同时还要有能根据用户需要分配影视节目的视像交换机。这有点像打自动电话时，两个特定用户之间的连接，要靠主叫通过拨号指挥电话交换机来完成接续动作一样。

　　影视图像从视频点播服务中心传送给用户需要一个传输网络。由于影视图像的信息量非常大，而且要求实时传送，因此需要有像同轴电缆或光纤那样容量大、能高速传输信息的通道。大家经常谈论的"光纤到路边"、"光纤到户"，正是实现这类服务项目的前提条件。

　　除了以上讲的两大组成部分，为实现视频点播，在用户住宅内还要有特殊的用户终端设备。它由网络适配器、解码器和电视机所组成。解码器起解调、解密作用，是这部分设备的核心。电视机要附加一个特殊的顶箱，使它能接收 500 个或更多频道的电视节目。

　　视频点播从 1991 年开始试验，短短几年间经历了两个发展阶段。第一阶段是利用若干频道，每隔若干分钟播放一次同一节目，或以人工方式根据某用户需求从数千个节目中挑选出一个进行播放。这不是真正的"视频点播"，只能说近似于"视频点播"。第二阶段是采用"视频拨号"方式，可以做到点什么便放什么，而且还有快放、倒回、暂停等功能。

　　随着网络技术、多媒体技术的迅速进步，视频点播已进入普通家庭。

远程医疗悄然而至

1995 年，我国首次远程医疗演示获得成功。在某饭店参加"第一届大型医院信息网络研讨会"的专家们，通过会议电视系统观看了在北京朝阳医院手术室进行的前列腺切除等三例手术。清晰的图像、逼真的色彩，使他们感觉到犹如在手术现场一般。手术室配有三套摄像机，它们从不同的角度拍摄手术现场。视频信号通过"亚太 1 号"卫星所提供的信道，远距离传送到会议现场。整个系统具有遥控功能，可以对手术现场的摄像机进行控制，以摄取全景或局部的特写镜头。在远端观看的人员还可随时与手术室的医务人员交谈，询问情况或指导手术的进行。

以上仅仅是远程医疗的一种方式。在信息社会里，它以多姿多彩的形态呈现在人们的面前，使人类的医疗环境大为改善。

不久以后，家庭巡回医疗可望成为一种主要的医疗方式。装有 X 射线机、磁共振成像仪和其他医疗器具的医疗车可以到各地巡诊，使得许多人不用长途跋涉、不用排队等候便能得到诊疗。这对于那些缺医少药的地区尤有意义。

每一个到巡回医疗车接受健康检查的人，他的 X 光

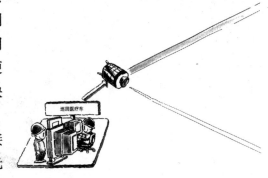

片、心电图记录和磁共振成像
结果都将以图像和数据的形
式，通过医疗车上装备的先进
的通信设备传送到相隔很远的
医疗中心，在那里接受医疗专
家的诊治。疑难病例还可以将

医疗中心

数据传送给多个医疗中心，让多位专家参加会诊。

今后，许多住宅将安装能自动进行尿样分析的"智能卫生间"。尿样分析结果通过通信线路传送到医生办公室；医生在审视检查结果后会通过电视屏幕或计算机与你面对面地问诊。不仅如此，医生还可在自己身边的设备上通过听诊器和通信线路对你进行听诊，或获取其他生理数据。医生的处方将以电子信函方式传送给你所在地的药房，药房会将药送到你家里……

以上这些过去只是在科幻小说中出现的情景，现在正在一步步成为生活的现实。据1995年公布的资料，美国已有25个远程医疗项目投入应用。有关研究报告指出，由于远程医疗等类保健信息技术的广泛采用，美国每年用于医疗保健的开支就可减少360亿美元。它对于人们保健条件所带来的改善，更是不言自明的了。

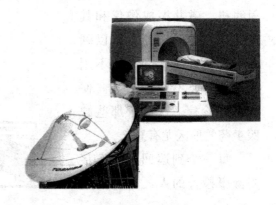

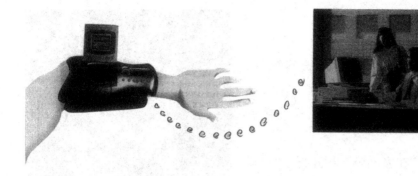

在家办公和移动办公

"双休日"一度曾经是人们街谈巷议的热门话题。现在,人们的话题又开始转到"在家办公"和"移动办公"上来了。

顾名思义,"在家办公"就是把以往在办公室里完成的工作全部或部分移到家里来做。在家办公是信息社会里一种新的工作方式,是提高办公效率、创造新型工作空间的一种崭新手段。

依靠现代化的通信网,把安装有电话机、传真机、可视图文终端机(或多媒体终端机)等先进终端设备和个人计算机的家庭,与你所在的公司(或机关)以及有业务联系的各个部门连接在一起,你就可以在自己家里随时与外界通电话、发传真,可以通过电子邮件与外界交换资料,通过身边的终端设备从可视图文中心或各种各样数据库获取你所需要的信息,还可以通过会议电视系统参加公司或机关负责人召开的会议。总之,在办公室能办的事情在家里也都同样可以办到。在家办公可以节省往返单位的时间和交通费用,节省办公的空间;也可减少大气污染和交通拥挤。通信及微电子革命的深入,正在使凡是有电源和电话线的地方都能"办公"。

在家办公的浪潮正在一些发达国家蔓延开来。据有关资料统计，1997年，美国有5600万人在家办公，欧洲各国有1000多万人在家办公。

与"在家办公"相并行，"移动办公"也正在红红火火地发展起来。一项针对美国350家大公司负责人的调查资料表明，现在这些公司有

在家办公

45%的人在办公室以外进行工作。在这些人当中，有近半数认为，他们的许多有创见的主意都不是在办公室里想出来的。针对这种情况，现在美国的许多公司正在酝酿取消固定办公室，而以流动办公室代之。便携式的微型计算机、笔记本式电脑与全球通信网有机地结合起来，为流动办公提供了必要的条件。

在全球商战愈演愈烈，信息对社会政治和经济影响力日益加大的今天，这种充分体现"分秒必争"、"见缝插针"精神的"流动办公"势必会风行起来。英国电信公司推出一种所谓的"臂上办公室"，便是流动办公的一种形式。它集电视电话机、传真机和微型计算机于一身，不管你走到哪里，都随时可以完成以往只有在办公室里才能完成的事，使办公效率大大提高。

移动办公

拔地而起的智能化大楼

智能化大楼又称智慧型大楼。它已成为当今政府机关、公司企业、金融机构等所追求的理想的居住和办公空间。

智能化大楼是现代建筑技术和新兴信息技术相结合的产物。它是通过对一个建筑物的结构、系统、服务和管理等四个要素的最优化组合，使建筑物本身的价值和安全性提高，并为使用者提供一个舒适、便利的环境。

怎样的一座大楼才能称得上是智能化大楼呢？一般认为，它必须具备"五化"，即通信自动化、办公自动化、楼房自动化、防火自动化和保安自动化。在通信方面，它应该具备集声音、文字、图像为一体的多媒体信息处理系统，具有可随时召开电视会议，进行无纸贸易，以及方便地通过现代信息网络调用各种资料、数据的条件。它应该具备对大楼各种设施进行自动化控制的功能。譬如，智能大楼的出入管理可通过磁卡和磁卡阅读机来实现。当验明磁卡持有者身份后，电子锁便自动开启，室内照明在第一个人进入时开启，最后一个人离开时关闭。大楼还具有自动报警和安全控制系统等。

智能化大楼里的上述各种系统不是独立安装，而是通过先进的楼内布线系统——结构化综合布线系统把它们连接起来，由计算机进行控制的，因而能高效、有序、优化地运行。例如，以往装在大楼里的烟感、温感设备，在室内温度、烟度超过一定程度时，只能起到报警的作用，而在智能化大楼里，传感器的信号传到中央控制室后，经判别确认为是"火灾"，便会自动切断整幢楼的电源，并启动喷淋器。这一切都在几秒钟内即可完成。

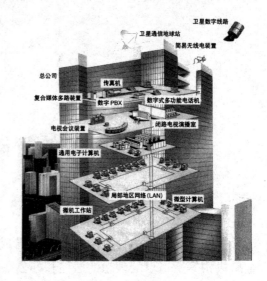

结构化综合布线系统是采用非屏蔽双绞线与光缆混合布线系统。它将一座大楼里原来独立的众多系统，连接成一个综合完整的系统。这个系统的最大特点是不管设备增减，位置改变，都只需做简单的插拔就可以了，而不必更动布线，所以使用起来十分灵活、方便。

世界上第一座智能化大楼是 1984 年 1 月兴建的坐落在美国康乃狄格州的"都市办公大楼"；1985 年 8 月，日本也完成了它国内第一座智能化大楼的建设。现在，世界上的智能化大楼数以万计，其中也包括我国一些新建的大楼。

智能化大楼为传统的建筑业注入了新的概念。它集许多高新技术于一身，涉及多门学科，是一项大的系统工程。可以预料，今后以智能化大楼为核心，以"信息高速公路"为主干，一个个智能化楼群，一条条智能化街道、一座座智能化城市将会拔地而起，成为信息社会一大风景。

实 践 篇

"实践出真知"。

读完"名人篇"和"技术篇"之后，你或许会惊奇地发现，无数发明家的灵感都来源于实践；许多划时代的创举都始于平淡无奇的实践。因此，我们学习电信、了解电信，也不应该局限于书本，还应该把眼光投向广阔的实践天地。

在这一篇里，选择了几个离我们最近的电信实践活动，你不妨来试它一试。希望它能激起你的兴趣，点燃你智慧的火花，并引导你逐步走进电信科技实践的大课堂。

沿着电话线"走"一趟

在你打电话的时候，不知你是否想过，你的声音是沿着哪条路径传到对方的？你或许会不假思索地回答：是沿电话线"走"的。如果我们进一步问，是不是每两部电话机之间都用一对固定的线连着的呢？能正确回答这个问题的人不一定很多。为了寻求这个问题的答案，我们不妨从你家的电话机出发，沿着电话线路走一趟，一直走到你呼叫的那部电话机为止。

从你的电话机出发，沿着电话线路走，走不多远，你会发现一个小盒子。

你家的电话线和你们楼层或院落其他用户的电话线都连接到那儿。这个小盒子就叫做"分线盒"。从用户电话机到分线盒的这段线路称"用户进线"，通常采用标准电话皮线（即双绞线）。经分线盒汇总的用户电话线（一般为十几对或几十对）采用市话电缆连接到体积较大的配线箱。这种配线箱通常都挂在电线杆上。每个配线箱同时与多个分线盒相连接。

在一个电话用户较多的城市里，通常都设有若干个电话分局，每个电话分局都有自己的局号。一般地，电话号码的前三位就是用户所在电话分局的局号。每个电话分局所辖的区域为一个交换区；分局内装有自动电话交换机，它能根据用户所拨的电话号码自动完成电话接续任务。在电话分局的交换机和配线箱之间用较粗的市话电缆相连接。这些电缆通常埋在地下管道中，里面有几百对、上千对线路。各电话分局两两相连，它们之间的连线叫市话中继线。局间中继线有用电缆的，也有用光缆的……当然，埋在地下的部分我们看不见，只能根据图纸来察看它的走向和连接关系了。

走完电话线路的全程，你便可以发现，在建立通话的同属一个电话分局的两部电话机之间有如下这些机线：主叫用户电话机——用户进线——分线盒——市话电缆——配线箱——（较粗的）市话电缆——电话分局交换机——（较粗的）市话电缆——配线箱——市话电缆——分线盒——用户进线——被叫用户电话机。

在配线箱和分线盒中，一般装有避雷针和保险丝等，用来保护电话局中的设备和电话机。

绘图新世纪少年工程师丛书

"可携带"电话号码

在都市里，公司、家庭的搬迁是常有的事。由于用户所在地区电话局变了，往往需要相应地改动一下电话号码（这叫"移机"），这给对外联系带来诸多不便，有时还会因此而坐失商机。

现在，有的城市已开办一种"电话号码可携带"业务，使用户只要不出城市，不管搬到哪里都可使用原来的电话号码。香港是世界上第一个实现电话号码可携带的城市。它是1997年初启用这项业务的。

认一认电话机上的按键

现在，老式的拨号盘式电话机逐渐被按键式电话机取代了。这是因为，按键拨号有拨号速度快、不易出错等许多优点。

在按键电话机的按键盘上，有 10 个数字键（0～9），还有一个♯号键（上标"♯"）和星号键（上标"✕"）。此外，还有重拨键、暂停键、免提键等。有的话机还有存储电话号码的功能，所以又外加有存储键等。了解电话机上这些按键的用途，对于充分利用电话机的功能是很有必要的。你不妨来个"自我测验"，看一看能否说出你家电话机上面每个按键的名字和它的用途。你还可以实际操作一下，验证你的答案是否正确。你一定会发现，这是很有意思的事。

一般在按键电话机的侧面，都有一个 P/T 键。当把这个键扳到"P"侧时，按数字键（0～9）时，送出去的是直流脉冲，脉冲的个数与所拨号码相同，你可以在听筒里听到"吧嗒、吧嗒"的声音；当把这个键扳到"T"侧时，拨数字键和"✕"、"♯"键送出去的都是由两组不同频率信号组成的双音频信号。拨号时，你可在电话机里听到十分短促的"嘀、嘀"音。

"✕"键称为"闭音键"。当甲乙双方在通话的过程中，一方若有话要与身旁的人讲，而又不希望对方听见时，可按一下"✕"键；解除"闭锁"时，只要再按一下"✕"键即可。

"♯"键称重发号键。当拨叫对方遇忙时，可挂机稍等；过一会再

呼叫他时不需再拨一遍号码，而只需按一下"#"键或话机上标有"重拨"（REDIAL）的键。

对于程控电话来说，"×"、"#"键还有别的功能。

譬如，你想让你的话机起闹钟的作用，便可以向电话局登记"闹钟服务"。如果你要赶飞机，希望早晨5点半叫醒你，那么你只要拿起电话机，听到拨号音后拨×55×0530#即可。这样，到了预定时间（早晨5点半），电话机就会自动响铃，提醒你该起床了。程控电话还有许多别的业务，它们的登记、注销都用得着"×"键和"#"键，这里就不一一举例了。

很多按键电话机上都有一个"免提"键，在打电话时按下这个键便可以不用"摘机"拨号。拨号音、回铃音等信号音以及对方讲话的声音都通过电话机里的扬声器传送出来；同时，己方讲话的声音也可通过暗藏在电话机里的微音器传送给对方。电话的"免提"功能不仅可以"解放"双手，还可以多人讲、多人听。

　　有些按键电话机还有存储若干常用电话号码的功能，所以面板上还有存储键，按下相应的键便可将原先存储在电话机里的某个电话号码发送出去，这样做既可省时，又可避免出错。

　　电话机种类繁多，我们很难把每种电话机的功能和它上面每个按键的用途都介绍到，具体的还需看一下电话机的说明书。

怎样记电话号码

电话号码是由 0～9 十个阿拉伯数字构成的，有严格的规律性。

电话号码的第一位数称为"字头"。根据规定，字头"0"是供长途直拨电话业务使用的，凡是直拨国内或国际长途电话，都要先拨"0"；"1"字头被指定为特种电话业务专用，例如，"119"是火警，"120"是急救，"117"是报时，"114"是市话查号等等，都是"1"打头的；"9"字头为移动通信专用，字头"2"到"8"是供市内和农村电话编号使用的。

每部电话机只有一个唯一的号码。目前，各个城市或地区的电话号码位数不等，这与每个城市或地区的电话用户数量有关。电话号码由两部分组成，前三位数（或前四位数）是用户所在电话局的局号代码，后几位数是用户的电话编号。因此，同是一个电话分局的用户，他们电话号码的前三位（或前四位）应该是相同的，但后几位数不能相同。同样道理，不同电话分局的局号代码不能相同，不同局号的用户的后几位数可以相同。知道电话号码组成的规律后，你便可以采用分段记忆的方法。前三位数（或前四位数），你可以与对方所居住的街区联系起来，经过一段时间，各个街区的局号你就会熟悉到八九不离十了。这样，记忆的重点便可以放在后几位数字上了。

如果你的电话机有国内长途直拨

长途直拨字头　国内长途区号　　　局号　　　　　　用户电话编号

国内长途直拨电话号码的组成

功能，那么你便可以直接拨叫别的城市的电话用户，而用不着双方长途话务员转接。直拨国内长途的方法很简便，只要在对方的电话号码前加几个数就成了，例如，拨北京，加"010"；拨上海，加"021"；拨广州，加"020"，等等。这里的"10"、"21"、"20"分别是北京、上海和广州的长途区号，最前头那个"0"的意义上面已经讲过，它是长途直拨电话业务的标志。

　　如果你的电话机有国际直拨功能，那你便可以用它直拨国际用户。国际直拨电话号码的组成是：

　　国际字冠＋国家代码＋地区代码＋对方用户电话号码

　　举个例子，如果你要直拨美国纽约某电话号码为 6981168 的用户，那就需要连拨以下 13 位数：

　　00　1203　6981168

　　前两位"00"是国际字冠，用来表示国际长途直拨业务；第 3 位"1"是美国的国家代码；第 4～6 位"203"是纽约地区的代码；后 7 位数是对方用户的电话号码。国家代码以及地区代码都可以从《电话用户手册》或通过电话信息台查询到。

电话号码

打电话的学问

如果你问别人："你会不会打电话?"他可能会不屑一答,心想:"电话谁不会打!"其实,打电话也有很多学问。

1. 为什么要"长话短说"

在我们打电话的时候,不仅双方的电话机在为你服务,电话局的许多机线设备也都"出马上阵"。由于电话局的机线设备是公用的,而且容量有限,一旦被占满了,其他人想使用也没有办法,电话局这时就会给他送"忙音"。如果本来只需讲三两分钟的电话,却讲了半个小时,就会无谓地占用了电话局机线很多时间,人为地造成电话繁忙,影响市内电话的畅通。长时间占用电话,也会使打给你的重要电话打不进来,以致误事。

2. 什么时间电话容易打通

如果你没有急事,最好错开电话"高峰"期打电话。一般,每天上午的 8 点～10 点、下午的 2 点～4 点,是电话用户使用电话最多的时间，很多电话在不断地接通、拨叫（用户忙），市话局的机线也特别繁忙（机线忙）因此，在这段时间里打电话，接不通的可能性就大些。这种情况，在直拨某些城市的长途电话时更加明显。因为，一般长途中继线路要比市话中继线路少。

3. 打电话的"时间观念"

在我们使用程控电话时，摘机听到拨号音后，要立即拨出电话号码的第一位数，否则过了 10 秒～15 秒，交换机便会复原，反送回来一个"忙音"。

打电话之前，要先查清电话号码，不要边拨边想。因为拨号时，拨两位数字之间的时间间隔一般不能超过 10 秒，否则就会听到"忙音"。这时必须拍一下叉簧，从头开始再拨。

程控电话局的用户，拿起话筒就能立即听到拨号音；可是，纵横制电话局的用户，等待听拨号音的时间就要长一些。这是两种交换机接续方式不同所造成的。在后一种情况下，千万不要不耐心，没等交换机作出响应便把电话挂断了。

4. 充分利用电话的各种功能

要仔细阅读电话机说明书，了解你的电话机都有哪些功能，不要让这些有用的功能成为摆设。例如，现在不少按键电话都有"重拨"功能，当你拨电话没有接通，再打时就不需要一位一位重拨一遍，而只需拍一下叉簧，再按一下"重拨"键就可以了。因为，这种电话机有"记忆"功能，在你拨第一遍时，它已将电话号码给记住了；按一下"重拨"键，它便会自动地把"记下"的这组号码再发送出去。有些电话机还有"免提"、"缩位"、"留言"等功能，我们都要充分地加以利用。

学修电话机

电话出毛病，原因是多方面的。可能是电话局的故障，也可能是电话线路的故障，还有可能是己方或对方电话机的故障。对比较复杂一点的故障的判断和检修，要有一定的专业知识，还要会看电话机电路图和会分析电路，甚至需要动用一些专门仪表。因此，这里讲的只是一些简单故障的判断方法。

拨不出电话怎么办　如果你拿起电话机有拨号音，但拨号后拨号音不断，电话拨不出去，这有三种可能：一是电话机上 P/T（脉冲/双音频）开关所置的位置与电话局交换机上设置的"拨号状态"不符，譬如，电话局将你的电话设置在脉冲拨号方式，你的话机就不能把 P/T 开关扳到 T 位置，否则就会出现上面讲的情况；二是电话机内部电路有故障，为了判断是不是属于这种情况，可换上一部电话机试一试；如果以上两种情况都排除了，那么问题就出在电话局，是电话交换机有故障。这第三种情况我们就无能为力了，可以用别的电话拨通"112"，让电话局来修理。

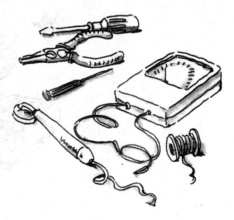

摘机后无声音怎么办　如果拿起电话手机，既无拨号音，又无

忙音，那有两种可能：一种可能是电话线路断线，电话局的信号送不过来；另一种可能是电话机有故障。如果你有一只万用电表就不难判断是属于哪种情况。量一量电话线上的直流电压，如果没有电压就属于第一种情况，否则就属于第二种情况。

来话失真怎么办　如果从外面打来的电话常有失真，基本上可判断是属于己方电话机的问题。这也有两种情况：一种是不管对方讲话声音是大是小，都有失真，这多半是由于己方电话机的受话器变质，调换后即可解决问题；另一种情况是失真只发生在对方讲话声音大的时候，这多半是由于电话机中接收放大电路工作不正常，需要进一步检查修理。

来话杂音大怎么办　在接对方打来电话时发现杂音大，首先要区别是偶然现象还是一直如此。如果杂音大的现象只发生在某一两次通话中，多半是属于对方电话机或电话局的问题；如果每次通话都是如此，则基本上可判断是己方电话机受话器有问题。这时换一只同型号的受话器便可解决。

来话声音低怎么办　首先也应分清是普遍现象还是偶然现象。如每次通话都是如此，基本上可判断是属于己方电话机的问题。多半情况是由于受话器变质，可采用更换同型号受话器的办法解决。当然也不排除因受话放大电路不良而引起上述故障。如是偶然现象，一般多属于对方的问题。

......

你的电话机是通过一个四通八达的电话网与别的电话机相连接的，这中间任何一个环节有故障都会影响电话的畅通或通话的质量。当电话有故障时，我们要首先学会如何分析判断出故障的"段落"，从粗到细，一步一步地解决问题。

怎样打"免费电话"

　　一般打电话都是由发话人（即主叫）付费的。但现在出现了一种受话人（即被叫）付费的电话。由于使用这种电话，打电话的人不用付钱，因此叫"免费电话"，或叫做"受话人付费电话"。

　　免费电话是 1967 年由美国电报电话公司首先提出来的。打这类电话，开始时统一规定以 800 开头，所以通称"800 业务"。这项业务很受广大群众和服务业、企事业、新闻业以及政府机关的欢迎。例如，饭店、宾馆向电信部门申请一个或几个电话作为免费电话后，可以吸引顾客打这个电话来登记住宿；百货公司和其他商店通过向客户提供免费电

免费电话

话来打开销售之门；政府机关申请免费电话，可以更多地了解群众的呼声；家长登记免费电话，可以方便子女与他们随时保持联系……

1995 年 9 月开始，国际电信联盟已开始执行一项全球免费电话计划。使用这种国际免费电话很简单。通话时，只要先拨受话人所在国家的代码，然后拨"800"，再拨 8 位数字。如拨美国某 800 业务的用户电话，应拨 001800×××××××。这后 8 位数字，是由用户向国际电联认购的。另外，美国、澳大利亚、比利时、印尼和英国等国的一些主要电信经营者，都开办了其国内免费电话业务。据美国的统计数字，美国每年有 10.4 亿个电话使用"800 业务"，几乎占国内电信业务总量的一半。由于人们一哄而起抢购 800 号码，有关方面不得不采取限额申请的办法，另外还将另辟"888"开头的免费电话。

我国在 1996 年元旦前，在北京、上海、广州三个城市开放了首批国内对方付费电话业务。美国电报电话公司、摩托罗拉公司、中国惠普公司和 IBM 公司都申请了号码。

800 业务是开放在程控电话交换网上的，因此，使用 800 业务的用户必须使用双音频电话机。

网上等待"外星人"

英国有一位叫戴维斯的宇宙学家，他为互联网设计了一个特殊的网页，供"外星人"在网上留言。他相信，在围绕地球的轨道上，早已存在外星生命发放的小型高科技探测器在探听地球的信息。为此，他在网页上提出了10个让"外星人"回答的问题，如"你们来自哪里?""你们是怎样飞到这里来的?"等等。

美国研究人员还启动了一项"在家寻找外星智慧"的计划。据1998年7月的报道，已有11.5万人志愿报名，他们各人家里的个人计算机都将使用"在家寻找外星智慧"的程序，以共同形成一台虚拟的超级计算机，参与捕获和分析来自外星空间特殊电波的工作。

虽然这是"大海捞针"的工作，但人们仍期待着一个激动人心时刻的到来!

电报的"旅程"

④ 有线或无线传递

③ 报务员发报

② 交窗口营业员译成电码

① 填写发报单

众所周知，打公众电报要到电报局去。在电报营业窗口，发报人要填写一份发报单。在发报单上，要填写收报人的地址、姓名，报文，署名，发报人的姓名、地址等。营业员检查电报文稿清晰无误后，便按字数计费，然后分发处理。

电报的报文要由译电员译成电码，然后通过凿孔机，把以代码表示的电文加工成五单位凿孔纸条，再经发报机发送出去。比较先进一些的电报终端机可先将报文存在存储器中，然后直接发往线路。

电报信号经公众电报网传送到对方城市的电报局。收报局的收报电传机打印出数字式报文，同时记录在收报纸条上，再由译电员将纸条上记录的信息译成汉字。如果收报机是汉字电传机，那么它可以不经译电，便直接打印出汉字报文来。译电工作也可由中文译码机担任，它的译电速度要比人工快几十倍。

对方发来的电文译成汉字并经人工核对无误后，装上报封，由邮递员送到收报人手中。

这就是一份电报的全部"旅程"。电报虽然同信件一样，传送的都是文字信息，但电报是由 1 秒钟能行 300000 千米的"电"作为载体的，所以传送速度比起靠车载、船运的信件来，就要快不知多少倍了。

⑤ 对方报务员接收电报

⑥ 译电员（或中文译码机）译成汉字

⑦ 送到收报人手里

导弹送信

导弹是一种现代武器。它以准确的命中率和巨大的杀伤力而威震天下。但谁能料到，导弹也可能成为友好的使者，运载着无数传情达意的信件飞向远方。

1995 年 6 月 7 日，俄罗斯邮局就利用军方发射的一枚 SS—18 型弹道导弹，把 1270 封信件送往地处远东的堪察加半岛。整个行程只需 20 分钟，比航空信还要快很多很多倍。

信被放在一个太空袋里，然后装入导弹。到达目的地后，太空袋会自动弹出来，降落在预定的地点。这次搭乘导弹的信件，都盖有特殊的邮戳，还附有一张证明。它们必将成为集邮者竞相收藏的珍品。

以导弹送信，其费用之昂贵是可想而知的。上面提到的 1270 封信所搭载的导弹另有重任，它们只不过是搭个"便车"而已。

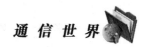

给无线电设备"排座次"

在世界上，有许多可供人类使用的资源，譬如矿藏、森林、水等等，都是人们所十分熟悉的自然资源。不知大家是否知道，无线电频率也是一种资源呢？

打开无线电收音机，有时会听到"喀啦、喀啦"的响声，这说明无线电收音机所占有的"领地"，即它工作的频率范围内闯入了"不速之客"，使收音机受到"干扰"。在打移动电话的时候，我们也常常碰到对方空闲仍然打不通电话的情形。这说明分配给移动电话使用的有限频道已经被人占满了，你只好稍候再打了。从以上两个例子里我们不难看出，频率的确也是一种资源，你占了别人就不能再占，否则就会"乱套"了。

无线电频谱只占整个电磁波频谱的一小部分，其频率范围是从 3 千赫到 300 千兆赫之间。电力线和电话线上信号的工作频率，以及红外线、紫外线、可见光等发出的频率，虽也都属于电磁波，但都在无线电频率范围之外。在有限的无线电频率范围内，各种无线电设备也是各霸

一方，有序地进行工作的。

在上页画了一些大家所熟悉的无线电设备（以 A、B、C、D 排序），本页的下边写了若干个频率范围（以 1、2、3、4 排序），你能不能试一试将它们"对号入座"，一一对应起来呢？

为了充分有效地利用无线电频率资源，又不出现彼此干扰的现象，无线电频率管理部门不但规定了各种无线电设备所使用的频率范围，还确定了其发射距离。随着家庭中使用的无线电设备的日益增多，防止各种设备之间的相互干扰，已成为一个十分值得注意的问题了。

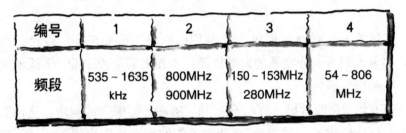

编号	1	2	3	4
频段	535～1635 kHz	800MHz 900MHz	150～153MHz 280MHz	54～806 MHz

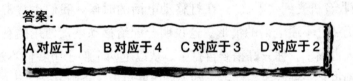

答案：

A 对应于 1　　B 对应于 4　　C 对应于 3　　D 对应于 2

"芝麻开门"

很多人都听过《一千零一夜》里"芝麻开门"的故事，说的是阿里巴巴如何利用"芝麻开门"这个咒语进入了强盗的宝库。

现代的科学技术已使童话里的故事变成了现实。一种也叫作"芝麻"（Sesam）的安全门卫系统，能够把来者的声音、嘴唇动作及站立的人像与预先储存在存储器里的数据相比较，然后决定是否放行。这种系统不仅准确，识别速度也很快。

寄信与邮政编码

　　当你使用标准信封寄信的时候，除了要写明收件人的地址和姓名，还要在信封左上角六个红框框里写上目的地的邮政编码。为什么要这样做呢？要讲清这个问题，还得从一封信的"旅行"过程说起。

　　在你把信投入邮筒之后，邮递员便按时开启邮筒，把分别投入各邮筒的信收集拢来送到邮局。信在邮局里要一一经过验视邮票和盖销邮票两个环节，然后按每封信上写的收件人所在地邮政编码或地址进行分拣，将它们"对号入座"，装进标有不同省、市、县名的格子里去。然后将目的地相同的信捆扎在一起，用飞机、火车、汽车或轮船运送出去。

　　在没有推广邮政编码之前，信是按地址分拣的，这样做不但速度慢，而且往往容易搞错。例如，山西有个"长子"，陕西有个"子长"；山东与甘肃都有一个"泰安"等，看址分拣就很容易出错。如果写上邮政编码，按码分拣，不仅上述差错可以避免，而且分拣速度也可提高 1 倍左右。

信函自动分拣机

邮政编码实质上是将邮件地址信息数码化。它为信函自动分拣机的采用创造了条件。尽管这种机器的核心部件——光学字符识别器也能识别汉字，但由于各人手写的汉字笔法不一，字体各异，有时连人工识别都很困难，何况机器。相对而言，让它识别阿拉伯数字就容易得多了。据统计，用自动分拣机分拣邮件，其速度要比人工分拣快 20 多倍。难怪，世界上把是否推广使用邮政编码，看成是一个国家邮政现代化水平高低的一个重要标志。

　　邮政编码是 1959 年 7 月首先在英国试用的，后来很快引起了国际上的重视。我国是 1980 年 7 月 1 日开始在全国推广邮政编码的。

　　我国的邮政编码采用六位数字，前两位代表省、自治区和直辖市，第三位代表邮区，第四位代表县（市），最后两位代表投递区。每个省（自治区、直辖市）一般有两组代码（如陕西为 71、72），但也有是一组的（如西藏为 85）或三组的（如河北为 05、06、07）。

　　要知道，邮政编码只代表投递区域，是邮政分拣的地址，而不能代表收信人的具体街道、门牌等。所以在写信时不仅要写邮政编码，还要写收信人的详细地址和姓名，否则信也不能准确地送到收信人的手里。

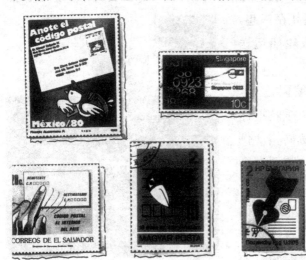

未 来 篇

　　未来的通信是什么样的？恐怕谁也很难说个全、说个准。因为通信的发展太快了，很多事都是我们始料不及的。

　　但有一点是可以肯定的：未来的通信将为我们人类的生存和发展提供更大的自由度，开辟更广阔的天地。诸如视频点播、远程诊疗、电子购物、在家办公、异地教学、无纸贸易等等，都将极大地影响人们的工作和生活方式，以至社会的结构。通信在社会经济发展中将会扮演越来越重要的角色。

　　想象中的未来是美丽的，用双手开拓的未来将更加辉煌灿烂！

21 世纪的畅想

未来的通信将会是什么样的呢？有人把它概括为八个字，叫"无处不达，无所不包"。

"无处不达"是指你可以与地球上的任何人建立通信联系，而不管他在什么地点——海上、陆地上或是在空中，也不管在家里还是在外出途中。可以想象，要做到这一点，需要有同时可供许多人传递信息的通道，和将全球都覆盖起来的现代通信网。光纤便是这样一种"大肚能容天下"的理想信息通道之一。由于要建立通信的双方中，很可能有一方甚至于两方是处于运动之中，因而完全靠固定连接的信息传递渠道仍然不够，还需要调用种种能跟踪人的信息传递手段。例如，卫星通信、无绳电话、无线电寻呼和移动电话等依靠无线电波进行信息传递的通信手段，都具有跟踪人的能力。因此，未来的通信将是以光纤为干线，综合采用有线和无线的，能将全球都覆盖起来的通信系统。

"无所不包"是指它能为人们提供多种不同的服务，真可以说是达到"无微不至"的

程度。电话不仅可以闻声见影，还能提供自动翻译，使讲不同语言的人都能方便地互相进行对话，甚至连"拨电话"这点劳动也可省却，打电话时只要报一下对方的电话号码或姓名，电话就会自动接通。人们家中的电话机、电视机、传真机，以及各种形式的多媒体终端，都可以借助

通信电路与名目繁多的资料库连接起来，实现在家办公、在家购物、在家点播电视节目，以及在家娱乐等。到那时，谁又能离得开通信呢？

　　未来的通信还将使以往只在科幻小说中才能见到的梦一般的境界逐

渐变成为现实。也许有一天，我们坐在家里便可以通过屏幕参加一个与老朋友的聚会，你仿佛来到他们中间，与他们打招呼、拉家常，如同身临其境一般；也许你不用出门，便可以领略金字塔的雄伟，听到地中海的涛声，感受到非洲草原上的鸟语花香……

　　也有人从技术发展的角度来展望通信的未来，说那是"五化一网"的时代。这"五化"是指数字化、智能化、高速化、综合化和个人化；"一网"便是"全球一网"。不管从哪个角度讲，通信都有一个灿烂的明天！

全球一网——综合业务数字网

　　回顾电信发展的历史，可以看到，电报、电话、数据通信等各种通信业务都是相继登台，各占一方的。过去，每出现一种新的业务，就形成一个新的网络。因此，迄今在电信领域里，有许许多多各自独立的网络。每种业务都建一个独立的网不仅投资大，不便管理，而且还存在电路利用率低、资源不能共享等缺点。对于电信用户来说，其不便之处更是显而易见的，因为用户每使用一种业务都要作一次入网申请，然后使用不同的专用用户线，接入不同类型的网。

　　20 世纪 70 年代初，有人提出一种设想，即把所有各种电信业务，如电话（属"话音业务"）、电报、传真、数据（属"非话业务"）等业务都纳入到一个统一的网络里进行传送和处理。这样一来，电信用户只需提出一次入网申请，便可使用任何一种电信业务了。实现上述构想的这种网络便叫做"综合业务数字网"，简称 ISDN。

　　要实现多种业务的综合，必须先将各种业务所要传送的信息都变成为数字信号，以便进行统一的传输和处理。实现数字化之后，噪音、串音以及通信距离对通信质量的影响都将变得很小，因而通信质量可以大大提高。

　　在综合业务数字网里，通过简单的操作，便能将多个终端的信息加以组合，向用户提供所需要的综合通信业务。在这个网里，信息还可以暂时被储存起来，在适当的时间再发送出去；还可以在保持信息内容不

未来的网络——综合业务数字网

变的前提下，变换信息的形式，从而实现不同类型终端设备之间的通信。譬如，由传真机发来的信息，可以变换成能被对方的数据终端机接收的信息，等等。为了使不同速率的终端能配合工作，它还具有"变速"功能。

在 ISDN 的信息处理中心，安装有许多大型的电子计算机。它除了能进行高速运算，还设有能储存大量信息的数据库。因而 ISDN 的用户不仅可以通过这个网络与任何别的用户建立起任何一种方式的联系，而且还可以操纵身旁的终端，随心所欲地从数据库里调用自己所需要的各种信息，如新闻、科技文献以及日常生活所需要的各种资料等。在

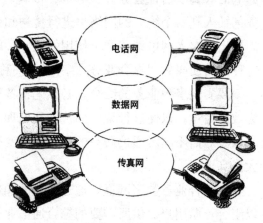

昔日的网络（各自成网）

这个网络里，可以实现"屏幕共享"（即多个用户共同调阅和操作同一个文件）、"医疗信息资源共享"以及"远程教学"等。

ISDN 这个新概念提出后，受到世界各国的广泛重视。进入 80 年代后，电信技术比较发达的国家纷纷投入大量资金对它进行研究、开发，并开展现场试验。1987 年 12 月，法国第一个开通 ISDN 商用系统，紧接着英、日、美、芬兰、新加坡、德国等 20 多个国家也相继将 ISDN 投入商用。在我国，ISDN 业务（又称作"一线通"业务）也有了引人注目的发展。它是在现有电话网上开发的一种集语音、数据和图像通信于一体的业务。也就是说，用户只需要用一对普通电话线便可获得上面所说的综合业务。它最多可以连接 8 个相同或不同的通信终端设备，并允许两个终端同时通信。

截至 1998 年 6 月，ISDN 业务已在我国的北京、上海、天津、广东、江苏、四川、山东、河南等地长途联网，还与十几个国家和地区实现了业务互联。

当今热门话题——信息高速公路

　　20 世纪 60 年代，有人提出了建设高速公路的构想。高速公路的建设，使物资流通加快，给工业化社会带来新的经济繁荣，真是功不可没。1991 年，当时任参议员的现任美国副总统戈尔，又提出一个"信息高速公路"的新概念。一时间沸沸扬扬，成为全球关注的一大"热点"。

　　什么是"信息高速公路"？它又为何引起人们这么大的兴趣呢？

　　尽人皆知，"高速公路"是可以同时容纳许多车辆双向高速并行通过的大马路。由此引申过来，"信息高速公路"也就是能够让大量信息同时高速并行通过的信息通道。不言而喻，它也必然是宽阔的"大道"。作为信息高速公路"路面"的，是光彩照人的新一代媒体——光纤。一

根细如发丝的单股光纤所能传送的信息要比普通铜线高出 25000 倍；一根由 32 条光纤组成的、直径不到 1.3 厘米的光缆，可以传送 50 万路电话和 5000 个电视频道的节目。这还只是目前的实际水平，其实它还有比这大千倍的潜力。正因为光纤和光缆有如此大的能力，它已被选中作为未来信息高速公路的主干道。当然，除此之外还有许多"配角"，如卫星通信电路、微波电路、同轴电缆电路等，也都将施展其各自的长处。

在未来信息高速公路上"行驶"的，将是数量惊人的形形色色的"信息"。有大家所熟悉的话音信息（电话通信），也有计算机与计算机之间彼此"交谈"的信息（数据通信），以及信息含量十分丰富的电视、电影等各种为人的视觉所接收的图像信息。由于信息高速公路容量很大，可以容许这么多信息同时快速通过，而不致出现拥塞现象。它的这种能力是目前的电话网和其他通信网所无法比拟的。

信息高速公路将会给我们带来什么呢？要对它做全面的描述是有困难的。但是我们可以预料，不久的将来，它将使今天看来仍十分奢侈的视频点播得到普及，使远程医疗、电子购物、在家办公、异地教学等有了物质基础。因为，所有上述这些信息时代的新景观，都离不开宽广的、高速的信息通道的支持。

多媒体——信息时代的新浪潮

"媒体"（或称"媒介"），现在已是一个十分时髦的词。报纸、书刊和广播，是众所周知的传播媒体；磁带、激光影碟盘等，是存储媒体；电话、传真，是通信媒体……不管是上述哪一种媒体，都是信息的一种表现形式或用来传送信息的手段。在通信领域里，新的媒体不断涌现，陆续出现了类似电视电话、移动电话、可视图文等一批新秀。为了与老的、传统的媒体相区别，人们把它们称为"新媒体"。

在传统的通信媒体中，使用最多的电话是传送声音的；传真是传送文字或图片的；电视是传送活动图像的。它们都只是单一的媒体。近年

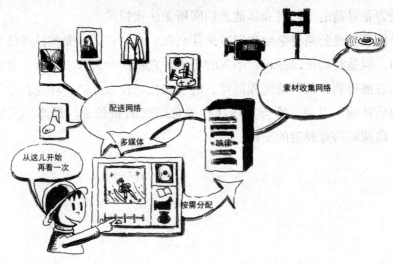

来，随着人们对通信业务需求的多样化，一个多媒体时代已悄然到来。

电话与电视的结合，出现于电视电话和会议电视。这两种通信方式同时包含了语音和视像两种信息媒体，所以可称之为"多媒体"；可视图文终端机不仅可以通电话，还可以从众多的数据库中获取各种各样的图文信息；写画电话机可以边打电话边写画，同时传送声音和写画图形两种信息……凡此种种，不只是利用单一媒体，而是将声音、图像、数据的传输一体化的通信，便是常说的"多媒体"通信。

多媒体通信和全球个人通信，是信息时代所要达到的两大目标。为了对声音、图像、数据实行一体化传输，首先需要把它们全都变成数字，就像在计算机里一样。所以，数字技术是实现多媒体通信的关键技术。

多媒体通信还刚刚崭露头角，但是它那诱人的前景已经为越来越多

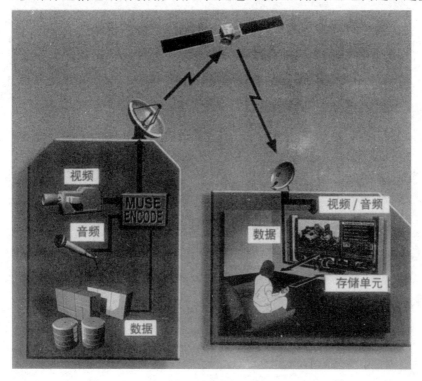

的人所认识。美国一家公司推出一种"电子邮件"系统，除了可以传送文件，还能将图像、声音、计算机程序等以邮件的形式传送出去；对方可以在多媒体终端中看到清晰的图像，并从扬声器里听到有关图像的解说。今后，形形色色的多媒体终端和先进的多媒体技术必将纷至沓来，进入人们的生活。

因特网——没有
疆界的"国土"

　　在前几年，因特网对中国老百姓来说，还是相当陌生的。可 1995 年，新闻媒体的两则报道却使它名声大振。于是，越来越多的人们想了解这个神奇的网络，并进而想和它交朋友。

　　两则消息都与求医有关。一则消息是说山东有一位 13 岁的小姑娘杨晓霞得了一种怪病，一时找不到能医治这种病的人。为广泛寻求国际医学界的支持，北京某医院通过因特网（国际互联网）向全世界发出了呼吁。结果，很快就收到了许多国家医学专家的治疗方案，控制了晓霞的病情。另一则消息报道了北大学生为挽救一个得了一种罕见疾病的清华大学学生，通过因特网向国际求援获得成功的消息。

　　那么，什么是"因特网"呢？简单地说，它是将分散在世界许许多多地方的计算机网络连接在一起，使得每个网络上的任何一个用户都可以通过这个"网中之王"与别的网上的用户建立联系，或从网上获得各种各样的服务。

　　因特网能为人们提供的服务很多，电子邮件、远程登录和文件传输，是它的三个基本服务项目。电子邮件是计算机通过因特网传递文字信息的现代化手段。你可以通过这项业务与连接到网上的任何一个用户交换信息。通过因特网传递的邮件不仅比传统的邮件寄递快得多，而且还要便宜得多。它有取代目前"传真"功能的趋势。远程登录服务可以使网上的用户能充分地、随心所欲地利用网上对外开放的数据库资源，例如，可以从科技数据库里获取所需要的数据和资料；可以从有关社会科学和文学艺术的数据库里获取你所需要的信息等等。文件传输服务是在网上用户之间进行包括声音、图像和数据在内的多媒体文件的传输。此外，还有电子布告牌服务和电子论坛服务等。它们使得世界各地某一领域的同行和爱好者，可以通过这个网开展各种各样的专题讨论，寻求广泛的支持。据报道，美国有许多学生已将因特网作为求职的一个重要工具；有的还通过网络调用各种软件玩游戏机，养成了"网瘾"。

因特网的前身是美国国防部 1969 年建成的一个实验网。它逐渐演变、发展，成为世界性的大型网络。不管在哪个国家，用户只要连接到这个网络上，都可以共享这个网络的资源。正是由于这个原因，有人把它称作"网络世界的'世界语'"。截至 1998 年年底统计，全球 1 亿台计算机上网人数约 1.47 亿人，中国网民达 210 万人。

接入因特网的方式很多，可以直接接入，也可以通过拨号的方式"拨入连接"。

因特网被认为是未来信息高速公路的雏形，是人类进入信息时代的前奏。现在，计算机的芯片正以每 18 个月功率增大 1 倍、价格降低一半的趋势发展。可以想见，随着时间的推移，人们进入并使用这个网的费用会逐渐降低，因特网最终将走入寻常百姓之家。

梦境般的"虚拟世界"

　　现代的科学技术不仅使我们变得耳聪目明，对外部世界一览无遗，而且还能模拟各种各样的环境，使你置身其中，如同生活在一个真实的世界里一样。

　　所谓"虚拟现实"，就是运用计算机技术，在人们眼前生成一个虚拟环境，使人感到像是真实存在，并置身其中。虚拟的环境可以是客观世界里存在的，也可以是根本不存在的东西。

　　虚拟现实技术最早应用于为培训飞行员而设计的飞行模拟器。这种飞行模拟器利用数字图像处理技术，把侦察到的敌方阵地的二维摄影图像转换成三维图像，使飞行员如同身临其境，进行对敌方阵地的轰炸演习。

　　目前，虚拟现实技术已广泛应用于医学、建筑工程学以及军事等诸多领域，甚至被用于商品的销售。

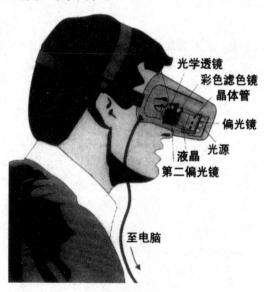

光学透镜
彩色滤色镜
晶体管
偏光镜
光源
液晶
第二偏光镜
至电脑

虚拟现实系统的构成

例如，日本一家公司为了推销它的产品，推出了"虚拟厨房"。客户只要头戴一种特殊的显示器，手着一副数据手套，便有置身于厨房之中的感觉。你可以在厨房中来回走动；可以开一开厨房的门和抽屉，使用一下你所选购的各种厨房用具，看是否称心如意。显然，在这模拟现实的虚拟环境中选择商品，比在货架上选择要方便得多了。

虚拟现实技术是集模拟技术、传感技术、显示技术、计算机技术等现代科学技术于一身的高技术。利用计算机图像技术，既可以模拟如上

面所讲的厨房用品一类的实物，也可以把凭空想象出来的东西变成栩栩如生，可以看到、听到的音像作品。例如，可模拟海底龙宫，使人置身于虾兵蟹将之中；还可以模拟客观上存在，但平常人们无法感觉或接触到的东西，如原子世界所发生的一切。十分难得的是，虚拟现实技术所模拟的环境不是"死"的，而会随着人的反应不同而出现不同的情景。

要领略虚拟世界的风光，需要头戴显示器，手着数据手套，身穿数据服。数据手套外形很像普通的橡皮手套，但在它上面却暗藏了许多传感器。通过这些传感器把手部运动的数据传给计算机，在计算机的显示器上便会出现三维的虚拟手；同样道理，布满传感器的数据服也能把人的体形显示出来。人一动，屏幕上的图像也跟着动了起来。

人类的新追求——全球个人通信

社会经济发展之后，人的流动性增加了。移动电话、BP机以及几代无绳电话的出现，都在一定程度上迎合了这样一种需要。可是，这些通信工具能够起作用的范围却是十分有限的，它离人类通信的理想境界还有一段相当大的距离。

什么是人类通信的理想境界呢？那就是不论什么人，也不论他在何处，都能在任何一个时刻与地球上任何一个其他个人，以任何一种形式建立通信联系。这也就是所谓的"全球个人通信"的概念。

要实现全球个人通信，首先需要一个能覆盖全球，没有任何"死角"的现代化通信网。这个网要有能自动且十分迅速地寻找并跟踪每一个行踪不定的用户的本领。此外，还要求有十分轻便、小巧和能移动的电话机、传真机、数据终端机等通信终端设备。

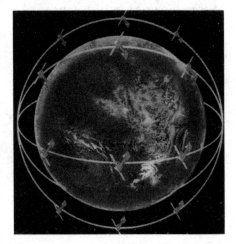

目前，国际上的许多财团都在参与开发全球个人通信系统的角逐。正在开发的系统中，美国摩托罗拉公司的"铱系统"尤其引人注目。

"铱系统"实际上是一个低轨

道全球卫星移动通信网。卫星"星座"是由 66 颗运行在 780 千米上空的低轨道卫星组成的。这 66 颗直径约 1 米的小卫星分布在 6 条椭圆形轨道上，每条轨道上有 11 颗。这些卫星发射出来的无线电波束，覆盖了整个地球。当系统中的任何一部电话启动时，与该电话机最近的一颗卫星和"铱星网络"便会自动核实该机账号及其所在方位。然后，用户可以选择利用蜂窝通信系统或卫星中转与接力系统，把信息传送到目的地。利用微波，信息在 66 颗卫星之间接力传输，其往返穿梭，与运动员的接力赛跑十分相似。在地面上，一种叫"关口站"的地球站将"铱系统"与地面的公用电话网连接起来，它使得地面上的任何一部电话机、传真机、寻呼机和数据终端机，都能通过"铱系统"与别的通信终端机建立起通信联系。

为了进行全球个人通信，每一个用户都有一个唯一的、属于他自己的"个人号码"。预计到 2001 年，持有个人号码，加入"铱系统"行列的

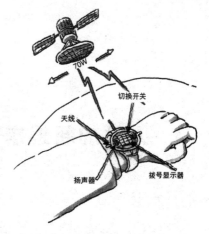

大型卫星面世后，即可实现手表型移动电话

用户可达 180 万户之多。如果加上其他类似系统的用户，全球个人通信将会有相当的规模。

"海内存知己，天涯若比邻"这一人类多年来美好的憧憬，不久将会变成为科学的现实！

后 记

通信的历史，可以追溯到公元前几千年。但人类以电来传送信息的历史，却只有一百多年。在人类历史的长河中，这只是短暂的一瞬。然而，这一百多年，人类通信面貌的改变，以及它对社会经济和生活所带来的影响，是前若干个世纪所无法比拟的。现在，它已成为现代社会的重要支柱，成为人们生活中亲密的伙伴。

在本卷里，我们向大家讲述了通信的来龙去脉；讲述了在一百多年现代通信的发展过程中，一些里程碑式的发明，以及几位光彩夺目的人物；在篇幅最大的"技术篇"里，我们简要地介绍了通信的一些主要领域的技术现状，以期让读者对通信技术的概貌有个了解。读完这本书，你或许会发现，现代通信固然有许多高深的理论问题，但它也是一个实践性很强的学科，就像是在"实践篇"里所介绍的那样，十分贴近我们的生活。本书"未来篇"中介绍了刚刚崭露头角，并可望成为21世纪主角的几个技术热点。可以肯定，今后通信的发展将远远超出我们的预料。

青少年是未来世纪的主人。我希望在这本书的读者中，有一些人能成为未来的通信工程师、发明家，并用他们的智慧和辛劳去创造人类通信的绚丽的明天。

通信技术日新月异。本书内容难免有不全面的地方，也可能会有这样或那样的疏漏，请读者多提宝贵意见，以便我们在本书再版时补充或改正。

王若珏